EXPLORATION

SCIENTIFIQUE

DE LA TUNISIE,

PUBLIÉE

SOUS LES AUSPICES DU MINISTÈRE DE L'INSTRUCTION PUBLIQUE.

BOTANIQUE.

RAPPORT SUR UNE MISSION

EXÉCUTÉE EN 1884.

EXPLORATION SCIENTIFIQUE DE LA TUNISIE.

RAPPORT

SUR

UNE MISSION BOTANIQUE

EXÉCUTÉE EN 1884

DANS LE NORD, LE SUD ET L'OUEST DE LA TUNISIE,

PAR

A. LETOURNEUX,

MEMBRE DE LA MISSION DE L'EXPLORATION SCIENTIFIQUE DE LA TUNISIE,
CONSEILLER HONORAIRE À LA COUR D'APPEL D'ALGER,
ANCIEN VICE-PRÉSIDENT DE LA COUR INTERNATIONALE D'ALEXANDRIE,
OFFICIER DE LA LÉGION D'HONNEUR, ETC.

PARIS.

IMPRIMERIE NATIONALE.

M DCCC LXXXVII.

En 1883 la Mission botanique dont je faisais partie et que dirigeait M. le docteur E. Cosson, président de la Commission de l'exploration scientifique de la Tunisie, avait étudié la végétation de la partie septentrionale du pays depuis le littoral nord jusqu'à El-Djem et El-Kef. En 1884, je fus chargé par le Ministre de l'Instruction publique de visiter la région qui s'étend au sud des grands Chotts et de remonter ensuite le long de la zone voisine des Hauts-Plateaux algériens jusqu'au voisinage de Tebessa, tandis que mes collègues, MM. Doûmet-Adanson, Bonnet et Valéry Mayet devaient explorer l'île de Djamour au nord, les îles Kerkenna et de Djerba dans le golfe de la Syrte, ainsi que la région comprise entre Sfax et Gafsa et le nord des grands Chotts. Je devais aussi, en me rendant de Bône à Tunis par terre, faire une herborisation de premier printemps dans la partie supérieure de la vallée de la Medjerda, spécialement à Ghardimaou. Parti d'Alger le 21 mars, avec mon préparateur M. Lecouffe, j'accomplis d'abord cette partie de mon programme avant de gagner Tunis où je fus rejoint par M. Lataste, membre de la mission, chargé de l'étude des animaux vertébrés. Nous profitâmes d'un séjour forcé dans cette ville pour faire une course rapide à Porto-Farina et pour voir le Djebel Reçaç, où M. Doûmet-Adanson avait herborisé en 1874.

Débarqués ensuite à Gabès, nous avons visité successivement toutes les parties du Sud tunisien que l'état politique du pays nous permettait d'aborder : la longue plaine de l'Aradh, jusqu'auprès de l'Oued Feçi, l'oasis de Zarzis et le grand relief montagneux du Djebel Demeur habité par les tribus des Matmata, des Haouaïa et des Ghomrasen, sans pouvoir, à notre grand regret, pénétrer jusqu'à Douiret et jusqu'aux grands sables des aregs; l'oasis d'El-Hamma des Beni-Zid, la plaine qui s'étend entre le Djebel Tebaga et le Chott El-Fedjedj, puis le nord du Nefzaoua dont la partie méridionale nous était fermée. Traversant ensuite le Chott El-Djerid entre Debabcha et Kriz, nous avons parcouru le Beled El-Djerid de Sedada à Nefta, et suivi le pied du Djebel Cherb oriental que nous avons traversé pour aller nous ravitailler à Gafsa. Enfin, gagnant Feriana au nord, nous avons consacré la dernière partie de notre mission à d'intéressantes recherches sur les plateaux et dans les forêts de Pins de la frontière, recherches qui se sont terminées par l'escalade du plateau à pic de Guelâat Es-Snam [1] et par notre arrivée à Tebessa sur le territoire algérien.

Pendant toute la durée de notre voyage, je me suis scrupuleusement renfermé dans les limites et dans les termes de la mission qui m'avait été confiée, et lorsque des circonstances impérieuses m'ont conduit sur le domaine réservé à mes collègues, comme à Houmt-Souk et à Gafsa, je me suis soigneusement cantonné dans la chasse aux Mollusques dont l'étude m'était spécialement attribuée en collaboration avec mon savant ami, M. J.-R. Bourguignat [2], ou dans la rédaction de notes relatives au dialecte berbère de l'île de Djerba.

C'est pour moi, en terminant, un devoir impérieux de signaler le bienveillant appui qui nous a été prêté aussi bien par M. le Ministre résident, M. Cambon, et par M. d'Estournelles, son secrétaire général, que par M. le général Boulanger, commandant du corps expéditionnaire.

Je serais véritablement ingrat si je pouvais oublier la réception réellement affectueuse et si hospitalière qui nous a été faite à

(1) Le temps m'avait manqué pour achever l'étude de cette curieuse localité. J'ai pu y retourner en 1886, au printemps, et en compléter l'exploration. (Note ajoutée pendant l'impression.)

(2) Le *Prodrome de la malacologie terrestre et fluviatile de la Tunisie* a paru avant que l'impression de ce Rapport fût terminée.

Gabès par le colonel de La Roque et par le Ferik Allegro, si je ne rendais ici hommage à l'accueil cordial que nous avons trouvé à Kçar El-Metameur auprès de M. le capitaine Rébillet qui nous a accompagnés chez les Haouaïa et les Ghomrasen, à Tozer auprès de M. le capitaine du Couret et de M. le lieutenant de Fleurac, chargé du service des renseignements, à Gafsa auprès de M. le colonel d'Orcet et du capitaine, chef du même service, à Feriana auprès de M. le docteur Robert, directeur de l'hôpital militaire et zélé botaniste, enfin auprès de tous les officiers avec lesquels nous nous sommes trouvés en rapport.

C'est à ce concert de bonnes volontés et d'actives sollicitudes que nous avons dû de mener à bonne fin un voyage long et difficile et de visiter, dans les meilleures conditions, des régions qui jusqu'ici étaient restées presque en dehors des explorations scientifiques.

Je dois aussi exprimer ma gratitude à mon excellent ami M. le docteur E. Cosson, qui a bien voulu me donner le concours de son expérience et de sa connaissance approfondie de la flore du Nord-Afrique et vérifier avec moi la détermination de la plupart des plantes mentionnées dans ce Rapport.

RAPPORT

SUR

UNE MISSION BOTANIQUE

EXÉCUTÉE EN 1884

DANS LE NORD, LE SUD ET L'OUEST

DE LA TUNISIE.

I

D'Alger à Tunis par Ghardimaou.

Chargé d'explorer le Sud tunisien au point de vue de l'histoire naturelle et plus spécialement de la botanique, je partais d'Alger, le 21 mars, avec mon préparateur M. Lecouffe, et le 29, de grand matin, nous quittions Souk-Ahras pour nous diriger vers la plaine de la Medjerda par la route des crêtes. Dans l'après-midi nous faisions halte au milieu des hautes futaies de la forêt algérienne des Oulad Dhia où, dans une rapide herborisation, je recueillais les *Doronicum scorpioides*, *Luzula Græca*, *Montia fontana*, *Gagea villosa* qui doivent certainement se retrouver dans les forêts tunisiennes des Ouchteta.

Le lendemain nous quittons, après déjeuner, le camp hospitalier d'Aïn-Meçran et nous descendons de la montagne par une route qui serpente au milieu de la forêt. Peu à peu les Chênes-Zehn s'éclaircissent et finissent par disparaître. La route descend toujours; sous l'attaque incessante des incendies, le Chêne-Liège a succombé malgré sa cuirasse; on n'aperçoit plus que des troncs noircis au milieu des Bruyères et des Arbousiers. Après avoir franchi une dernière crête rocheuse, nous disons adieu à la végétation arborescente pour traverser des plateaux cultivés. Quelques pas encore, nous sommes en Tunisie, sans que rien, pas même la présence d'un douanier, nous en ait avertis.

Nous abandonnons le plateau pour descendre dans la plaine de Ghardimaou; sur les dernières pentes, la route se déroule au milieu des broussailles (*Calycotome villosa*, *Genista tricuspidata*, *Cistus Monspeliensis* et *C. salvifolius*), que dominent les Azeroliers. Je recueille le long des talus les *Orchis tridentata*, *patens*, *longicornu*, ainsi que l'*Alyssum campestre*, assez rare en Tunisie. En descendant encore, nous apercevons les premières rosettes du *Mandragora microcarpa* que nous rencontrerons désormais partout et, dans un large ravin, des buissons de *Rhus pentaphylla* [1] et de *Rhamnus oleoides* sont couverts de fleurs. Mais la nuit nous menace, nous nous hâtons de traverser la Medjerda et de gagner les baraquements de Ghardimaou.

Toute la journée du 31 mars est consacrée à l'herborisation, d'abord de la plaine basse autour du village, puis des pentes gazonnées formant talus qui conduisent à un niveau supérieur d'alluvions plus anciennes. Sur ces pentes croissent quelques arbustes égarés dans la plaine nue, deux Orchidées (*Ophrys lutea* et *O. tabanifera*), le *Narcissus Tazetta*, le *Parietaria Lusitanica* et le curieux *Ambrosinia Bassii* qui n'avait pas encore été indiqué en Tunisie.

Dans les moissons, nous signalerons l'abondance des Fumariacées : *Fumaria agraria*, *F. officinalis*, *F. micrantha*, *F. parviflora*, *Platycapnos spicatus*.

Nous citerons encore : *Diplotaxis erucoides*, *Iberis odorata*, *Carrichtera Vellæ*, *Fumana lævipes*, *Althæa longiflora*, *Aizoon Hispanicum*, *Saxifraga Carpetana*, *Krubera leptophylla*, *Valerianella discoidea*, *Pyrethrum macrotum*, *Picridium intermedium*, *Barkhausia taraxacifolia*, *Cynoglossum clandestinum*, *Myosotis versicolor* et *Linaria rubrifolia*, ces trois dernières plantes nouvelles pour la flore tunisienne.

Après le déjeuner, une nouvelle course nous conduit jusqu'au bord de la Medjerda, dont les berges taillées verticalement dans l'argile ne nous offrent qu'une végétation insignifiante, et nous visitons au retour les collines aux tons rouges et violacés dans le flanc desquelles s'ouvre la grotte peu profonde qui a donné son nom à Ghardimaou [2]. La roche, très friable, où brillent des cristaux de sel marin, de plâtre et de magnésie, présente une végétation spéciale composée presque uniquement d'espèces halophiles ou méridionales : sur les parois inclinées poussent le *Pistacia Terebinthus*, le *Genista cinerea*, l'*Artemisia Herba-alba*, l'*Atriplex Halimus* qui porte ici le nom classique du Câprier [3], le *Deverra scoparia* et de grosses touffes de *Cam-*

(1) Cet arbuste, rare en Tunisie, est remplacé dans le Sud par le *Rhus oxyacanthoides*. Ce n'est qu'à Hammam-Sousa qu'en 1883 la Mission botanique a trouvé les deux espèces réunies.

(2) غار دماو «la grotte couleur de sang».

(3) كبّار «Kabbar».

phorosma Monspeliaca, tandis que, sur les débris accumulés au pied du talus rapide, nous recueillons: *Statice globulariæfolia*, *Adonis microcarpa*, *Silene nocturna* et un *Erodium* jeune qui nous paraît être l'*E. glaucophyllum*.

Une exploration plus prolongée eût peut-être amené de nouvelles découvertes, mais le ciel, qui, depuis une demi-heure, se couvrait de nuages, nous détache comme avertissement quelques larges gouttes de pluie. Nous fuyons devant l'averse, mais elle nous atteint à la hauteur des premières baraques de Ghardimaou et nous rentrons à l'auberge à demi trempés.

Le lendemain, nous prenions le chemin de fer et, après avoir traversé l'immense et monotone plaine de la Medjerda, coupée près de Beja par des collines roses et vineuses comme celles de Ghardimaou, au milieu desquelles la rivière «se recourbe en replis tortueux», nous arrivions à Tunis.

II

Excursion au Djebel Reçaç et à Porto-Farina.

A peine installé à Tunis et après les visites officielles, je me préparais à prendre le bateau de la côte pour gagner Gabès sans retard, lorsque l'arrivée de mon collègue M. Lataste, chargé de l'étude des animaux vertébrés, et la mort du vice-consul de Sfax, mon ami M. Seignette, auquel j'avais adressé d'Alger le plus gros de mes bagages, m'imposèrent la nécessité de prolonger notre séjour d'une semaine.

Quelques promenades au bord du lac, destinées surtout à la recherche des Mollusques, me donnèrent l'occasion de constater que le *Cotula coronopifolia*, découvert l'année précédente par notre président, M. le docteur Cosson, sur la route de la Goulette, n'était point cantonné dans cette localité et encombrait les fossés qui pénètrent dans le lac à droite de la ville. Je rapportai des cimetières le joli *Fagonia Cretica* et l'*Ammosperma cinereum* (*Sisymbrium cinereum*).

Le Djebel Reçaç[1], dont les crêtes dentelées découpent l'horizon au sud-est de Tunis et semblent inaccessibles, exerce sur tous les voyageurs une attraction invincible; aussi, bien qu'il ait déjà été exploré, nous ne pouvons résister au désir de lui faire, à notre tour, une vi-

[1] Je ne puis me résigner à adopter l'orthographe suivie par l'État-major et adoptée par l'honorable président de la Mission. Le mot رصاص, qui signifie *plomb*, présente deux fois la même lettre (ص) qu'il est complètement illogique de transcrire en français par deux lettres différentes.

site; nous pouvions d'ailleurs espérer qu'au point de vue zoologique nos efforts ne seraient pas entièrement stériles.

Le 4 avril, dès l'aube, nous partons, conduits par un automédon indigène qui nous amène rapidement à l'établissement des mines de plomb qu'exploite une société italienne. L'accueil du personnel, froid d'abord, devient gracieux dès qu'il est manifeste que nous sommes, non des ingénieurs, mais de simples naturalistes. On nous procure un ouvrier sans ouvrage pour porter le déjeuner et l'eau dont la montagne est complètement dépourvue, et l'ascension commence. Nous suivons un sentier qui s'élève doucement le long de la pente au milieu de blocs détachés, où vivent des espèces intéressantes de Mollusques, et nous amène bientôt au-dessous d'une coupure formant col entre deux massifs aux flancs abrupts. Nous abandonnons la route pour grimper au milieu d'un taillis clairsemé, soulevant les pierres où se cachent des colonies d'Hélices et où mon collègue M. Lataste découvre un petit peuple de fourmis qui s'est construit un véritable gâteau de cellules en carton brunâtre. Puis nous obliquons à droite pour suivre jusqu'au col le pied des roches calcaires dont les fentes prêtent leur abri à la plupart des plantes que nous avons recueillies l'année précédente au Djebel Bou-Korneïn et qui avaient été rapportées du Djebel Reçaç même par M. Doûmet-Adanson dans sa première mission.

Nous citerons seulement : *Brassica Gravinæ*, *B. insularis*, trouvé il y a trente ans par nous au Djebel Edough près Bône, *Vicia leucantha*, *Tordylium Apulum* très abondant, *Valeriana tuberosa*, *Anthemis punctata*, *Eufragia latifolia*, *Scrofularia lævigata*, *Euphorbia dendroides*, *Ophrys Speculum*, *Carex gynobasis*, mais nous recueillons surtout avec plaisir un magnifique *Erodium* qui doit être le type du *Geranium geifolium* de Desfontaines.

Parvenus au col, nous nous abritons derrière un rocher, dans un coin chauffé par le soleil, pour déjeuner en paix et prendre ensuite quelques minutes d'un repos délicieux en face d'un splendide panorama.

Mon collègue nous quitte bientôt avec le guide pour escalader la dernière cime et redescendre par la mine, tandis qu'avec mon préparateur j'explore, non sans peine, le versant oriental plus riche en Mollusques qu'en plantes.

A cinq heures nous rentrions à l'établissement où nous retrouvions notre cocher et la voiture déjà attelée.

Dès le lendemain nous étions invités par M. le Consul de France et par M. le commandant Coÿne à les accompagner dans une excursion rapide à Porto-Farina et nous partions après le déjeuner. Nous traversâmes rapidement les abords assez tristes de Tunis et nous nous engageâmes dans la zone d'Oliviers qui s'étend, avec de légers ressauts, jusqu'à Bordj-Sebala. Déjà le *Cyclamen Persicum* étalait ses fleurs roses au milieu des buissons de *Zizyphus Lotus* et l'*Ornithogalum Narbonense* dressait dans les moissons son épi à peine épanoui ; le printemps s'annonçait par la tiédeur douce de l'atmosphère. Une pente presque insensible nous amena jusqu'à la plaine de la Medjerda, d'une uniformité monotone. Nous devions coucher au caravansérail qui s'élève à l'entrée du vieux pont sous lequel l'antique Bagrada roulait ses eaux aussi jaunes que celles du Tibre. Mais, après examen des lieux et délibération, dans la crainte d'un mauvais souper et surtout d'un mauvais gîte, il fut décidé que l'on pousserait jusqu'à Porto-Farina.

Après quelques instants de repos accordés à nos chevaux un peu essoufflés et que j'employai à recueillir les coquilles abandonnées sous les arches du pont par la dernière crue, nous reprîmes notre course en suivant une piste assez mal tracée le long des méandres de la rivière. La plaine argileuse commençait à peine à verdoyer; dans les bas-fonds s'élevaient, rares et drues, de belles touffes de grandes Graminées. Le soleil baissait et teignait déjà d'une couronne fauve le Djebel Ahmar, lorsque je recueillis au bord de la route des pieds fleuris de *Lepidium Draba*. Enfin, des arbres et quelques buissons, au milieu desquels la route était transformée en bourbier, surgirent devant nous, puis se montrèrent les jardins et les rues sales d'un village dont nous eûmes grand'peine à sortir. De l'autre côté, c'était pis encore : la voie étroite était une vasière, les branches des arbres et des buissons épineux, que l'obscurité naissante ne nous permettait pas d'éviter, nous fouettaient le visage. Aussi est-ce avec bonheur que nous retrouvâmes la prairie et que nous finîmes par atteindre le pied du coteau qui longe la lagune à l'ouest. Malheureusement les chevaux, épuisés par une course rapide et continue, n'avançaient que lentement. Il fallut descendre et la route s'acheva à pied au bruit doux et rythmé du flot qui venait mourir lourdement sur un matelas brun d'herbes marines. Quelques grands édifices détachaient de temps à autre leur silhouette blanchâtre dans la nuit déjà sombre. Au-dessus du lazaret une Effraie jetait son cri sinistre. Enfin les maisons de la ville se montrèrent des deux côtés d'une rue et nous fûmes introduits dans un vieux palais où nous étions attendus. Après un souper bien gagné, nous nous étendions sur les coussins dorés et les couvertures bariolées du khalifa.

Le lendemain à l'aube, pendant que mes compagnons prolongeaient leur nuitée, j'allai faire un tour au bord du lac. De grands carrés de Pavots, aux fleurs multicolores, promettant une récolte abondante d'opium, s'étendaient entre les maisons aux murs gris et les restes de remparts ruinés; la ruine antique ou moderne, surtout la ruine récente, est la caractéristique de la Tunisie. Au bout d'une courte promenade, je rentre au Dar-el-Bey pour prendre le café et me dirige ensuite vers les ravins, guidé par un des notables du pays, excellent homme, qui me donne le nom arabe de toutes les plantes que nous rencontrons, avec des renseignements sur leur emploi dans la pharmacopée indigène.

La végétation de Porto-Farina m'offre une assez grande variété de plantes vulgaires. J'y observe cependant les espèces suivantes dont quelques-unes sont nouvelles pour la Tunisie : *Vaillantia hispida*, *Trifolium nigrescens*, *Phagnalon sordidum*, *Lavatera maritima*, *Genista aspalathoides*, *Orobanche Eryngii*, *Silybum Marianum*, *Euphorbia peploides*, *Gymnogramme leptophylla.*

Je remarque que l'*Oxalis cernua* s'est naturalisé à Porto-Farina comme aux environs d'Alger.

Il faut songer au retour. Nous reprenons la route de la plaine, non sans faire quelques stations au bord du lac où, près du lazaret, je recueille plusieurs Mollusques nouveaux ou rares pour la faune du pays.

Un peu plus loin, je rencontre une très jolie variété bulbifère de l'*Allium roseum.*

Pendant que le commandant et le consul filent directement sur Tunis, nous prenons la direction d'Utique où nous devons déjeuner et coucher au Bordj de Ben-Ayat. La faim nous pousse à traverser les ruines sans y recueillir d'autre plante que l'*Œnanthe globulosa.* Nous nous promettions de consacrer notre après-midi à une exploration plus complète des restes de cette ville célèbre, mais à peine, à l'issue du déjeuner, avions-nous parcouru les anciennes citernes qu'un exprès, dépêché par nos amis, vient nous inviter à les rejoindre à Bordj-Sebala, où la fatigue de leur attelage les avait contraints à s'arrêter.

Nous interrompîmes, non sans regret, notre promenade et allâmes au café maure de Bordj-Sebala partager le dîner de nos compagnons. Nous ne tardâmes pas à y recevoir l'invitation d'aller passer la nuit au palais bâti par Kheïr-ed-Din, ce ministre qui avait conçu l'idée, généreuse mais impraticable, de régénérer l'Islam par l'Islam lui-même en empruntant aux nations chrétiennes leurs arts et leurs sciences. Après avoir échappé aux morsures des chiens de garde, nous franchîmes deux vastes cours silencieuses pour entrer dans une grande salle au plafond sculpté, flanquée d'une longue galerie aux caissons de bois merveilleusement fouillés et dorés, largement ouverte sur des jardins pleins d'arbres en fleurs ou en fruits.

Ce palais, tout récent encore, désert et déjà voisin de la décrépitude, avait un aspect triste et un peu moisi. Les Orangers continuaient à pousser avec une luxuriante vigueur. Les hommes passent, les palais s'écroulent, les arbres restent.

Le lendemain les rayons gris de l'aube nous réveillaient sur notre froide couche, et deux heures plus tard nous étions de retour à Tunis.

III

Gabès. — Les Matmata.

Le 10 avril, après une traversée assez tourmentée, nous débarquions à Gabès, et le colonel de La Roque nous installait chez lui à Djara-Kebira.

Quelques jours furent employés à dresser nos plans de campagne, à faire nos préparatifs, à parcourir rapidement l'oasis et à voir Ras-el-Oued dont le commandant nous fit une réception cordiale, mais un peu trop solennelle.

Gabès et ses environs ont déjà été assez bien explorés par notre excellent ami M. Kralik, pour que nous n'ayons pas à nous en occuper au point de vue de la flore. Nous nous réservons, du reste, d'étudier, dans un travail spécial, les oasis du Sud tunisien et leurs cultures.

Nous nous bornerons à signaler la présence, sur les bords de l'Oued Gabès, du *Carex extensa* assez commun dans le Nord-Afrique, mais que l'on ne devait guère s'attendre à rencontrer dans une station aussi méridionale.

Il avait été convenu que nous irions d'abord visiter les Matmata et leurs habitations souterraines avant d'entreprendre une exploration du sud de l'Aradh.

Le 19 avril, dès le matin, nous passions à Ras-el-Oued pour prendre une escorte; nous abordions ensuite une plaine légèrement ondulée, parsemée de buissons de *Rhus oxyacanthoides* et de *Zizyphus Lotus* avec quelques touffes de *Retama Rœtam* (Retem), à laquelle succède un terrain entièrement plat et couvert de *Rhanterium suaveolens*, de *Lygeum Spartum* que l'on affuble ici du faux nom de Halfa, de *Thymelæa hirsuta*, de *T. microphylla* et de *Peganum Harmala*. Les buissons reparaissent dans le lit desséché de l'Oued Tour (rivière du Bœuf) que nos guides appellent aussi Oued Ftour (la rivière du Déjeuner), où nous faisons la grande halte et où je recueille une série de plantes qui me rappellent les plaines sahariennes de l'Algérie :

Matthiola oxyceras DC. *var.* basiceras.	Cyrtolepis Alexandrina DC.
Sisymbrium erisymoides Desf.	Centaurea furfuracea Coss. et DR.
Muricaria prostrata Desv.	Atractylis prolifera Boiss.
Silene setacea Viv.	Zollikoferia resedifolia Coss.
Argyrolobium uniflorum Jaub. et Spach.	Euphorbia glebulosa Coss. et DR.
Anthyllis tragacanthoides Desf.	Asphodelus tenuifolius Cav.
Hippocrepis bicontorta Lois.	Trisetum pumilum Kunth.
Daucus pubescens Koch.	

L'*Astragalus Kralikianus* Coss., le *Rhanterium suaveolens*, le *Deverra tortuosa* et l'*Anarrhinum brevifolium* donnent un caractère plus spécialement tunisien à la florule de cet oued.

La plaine continue à s'étendre devant nous; les plantes caractéristiques sont le *Rhanterium*, le Chihh (*Artemisia Herba-alba*) et le *Thymelæa microphylla*. Elle se termine enfin à un col rocheux dominé par un piton que surmonte un signal et au pied duquel se montrent quelques moissons habitées par des lièvres que poursuivent en vain nos cavaliers.

Derrière le rideau rocheux des collines s'élève le marabout de Sidi-Guenao avec une curieuse koubba à étages et une zaouïa très fréquentée.

El-Aïachi raconte que la réputation du saint attire de nombreux pèlerins qui apportent beaucoup d'offrandes et les déposent dans des chambres en dehors de la mosquée. Les visiteurs qui surviennent mangent ces victuailles suivant leurs besoins, mais ils ne peuvent rien emporter; quiconque essaierait de le faire tomberait malade immédiatement. Le fait est bien connu de tout le monde, ajoute le crédule voyageur.

Nous campâmes entre la zaouïa et quelques grands arbres (Dattiers et Oliviers) qui rompent seuls par leur verdure la monotonie et l'aridité du paysage. Des cavaliers chargés de la perception de l'impôt, en nous offrant un lièvre pris par leurs slouguis, dispensèrent nos gens d'avoir recours à la générosité problématique des maîtres de la zaouïa.

Les environs de Sidi-Guenao, si désolés qu'ils fussent, m'offrirent cependant quelques plantes à noter, telles que : *Anchusa hispida*, *Arnebia decumbens* et surtout le bel *Onopordon Espinæ* Coss. et l'*Enarthrocarpus clavatus*.

Le lendemain, nous partons de bonne heure et prenons en écharpe une plaine légèrement ravinée, avec de maigres buissons parmi lesquels nous dérangeons des gazelles. Nous aboutissons à la gueule évasée d'un grand ravin, aux berges terreuses, qui s'enfonce entre des collines semées de pierres, mais ne présente pas de couches puissantes de roches.

Ces collines basses, aux pentes raides, sont le dernier effort et comme l'épatement écrasé de la longue chaîne parallèle à la mer qui a son point culminant chez les Haouaïa et se continue jusqu'au piton détaché de Douiret, avant de se courber à l'est vers la Tripolitaine.

Le fond de l'oued que nous remontons et les ravins latéraux sont barrés par des digues en terre, quelquefois consolidées au moyen d'une maçonnerie grossière et munies sur l'un des côtés d'un déversoir en pierres sèches. Les eaux des pluies déposent leurs limons dans les cuvettes ainsi préparées qui deviennent des vergers, et l'on voit émerger au-dessus des chaussées la haute tige des Palmiers, la verdure pâle des Oliviers et la tête aplatie de quelques Figuiers. On sème sous les arbres un peu d'orge qui arrive quelquefois à maturité quand les pluies sont abondantes.

Ces gradins de verdure réjouissent l'œil attristé par la végétation triste et grise des collines dont le Romarin, le *Lygeum Spartum*, l'*Andropogon hirtus*, le vulgaire *Hordeum murinum*, le *Polygonum equisetiforme*, le *Linaria fruticosa*, quelques buissons rabougris de *Calycotome intermedia* et le *Gymnocarpos decandrum* composent le fond monotone.

Cependant, vers huit heures et demie, nous arrivons à une expansion assez large de la vallée; tandis que les collines se maintiennent à droite hautes et raides, elles s'écartent sur la gauche, et l'escarpement des berges permet de constater que de ce côté la formation rocheuse est recouverte par un énorme empâtement de marne argileuse compacte et d'un gris jaunâtre, sillonné par quelques ravinements. C'est là qu'on nous signale, au milieu de rares Dattiers, le village de Zoualligh, mais nos regards ont beau fouiller le terrain, aucune maison n'apparaît. Tout à coup nos chevaux reculent; nous sommes sur le bord d'un énorme puits circulaire au fond duquel s'ouvrent des portes latérales; de grandes jarres garnissent les parois,

IMPRIMERIE NATIONALE.

des amas de bois à brûler s'y accumulent, du linge y est étendu pour sécher; deux enfants barbouillés s'y poursuivent en criant. Le fond du puits est une cour : nous sommes chez les troglodytes.

Nous descendons de cheval et pénétrons dans un ravinement formant couloir à l'air libre et taillé de manière à simuler un corridor. De chaque côté une chambre souterraine sert de magasin ou d'écurie. Au fond du corridor une porte en ogive solidement fermée, et qui ne s'ouvre qu'après de longs pourparlers, donne accès dans une vaste pièce souterraine en rotonde un peu allongée, qui est le vestibule (*skifa*) et aboutit au fond du puits que nous avons aperçu d'en haut. Une rigole reçoit les eaux de pluie et les conduit à travers la *skifa* et le couloir jusqu'au ravin. Des sept pièces dont les portes donnent sur la cour, trois sont des chambres à coucher, une sert d'atelier de tissage, une autre de cuisine et les deux dernières d'étable ou de magasin. Toutes, à l'exception de la cuisine, qui est de forme irrégulière, sont taillées en voûte et forment de véritables casemates dans la masse marneuse compacte et sèche.

L'habitation n'est occupée, en ce moment, que par trois femmes déjà mûres, c'est-à-dire horribles, et par des enfants, mais elle comporte trois ménages. Les jarres les plus grandes, tressées en folioles de Dattier, servent de grenier pour l'orge, le froment et les fèves. Des jarres en poterie, de moindre dimension, contiennent l'eau potable puisée à une citerne voisine et soigneusement ménagée. La cour, la cuisine, l'atelier de tissage et les magasins sont en commun et n'offrent rien de remarquable que la simplicité d'un aménagement tout à fait primitif. Les chambres à coucher, que l'on ne nous montre qu'après de nouveaux pourparlers (sans doute à cause de l'absence des maris), nous étonnent par leur propreté scrupuleuse et par un certain luxe d'ornementation. Les lits sont établis sur un bâti en bois ou en maçonnerie légère et garnis de couvertures aux vives couleurs. Tout le fond de la chambre est couvert de plats et d'assiettes en terre vernissée, de petits miroirs de toutes les formes et même d'épis de maïs rouges et jaunes artistement disposés sur la muraille.

Ces chambres, chaudes en hiver, fraîches en été, aux parois lisses et polies qui n'offrent ni refuge aux insectes, ni asile aux scorpions, sont certainement beaucoup plus confortables que des maisons en pierres et en bois de Palmier et leur seraient de tout point préférables si elles n'exposaient leurs habitants à subir, sans moyens de défense bien sérieux, les attaques et les vexations tyranniques de leurs voisins les nomades.

Cependant la conversation s'était engagée avec nos hôtesses : quelques compliments, d'autant mieux reçus qu'ils étaient moins mérités, et quelque monnaie distribuée aux enfants avaient fait disparaître toute contrainte, et ces dames ne voulurent point nous laisser partir sans nous offrir les dattes et le lait, mets dont le proverbe arabe attribue le privilège à l'amitié[1]. Le procédé était certainement fort honnête, mais quelles dattes, grand Dieu!

En allant rejoindre nos montures, nous visitâmes un petit jardin où le *Carduncellus eriocephalus* menaçait d'étouffer les plants d'oignon.

Sur le col voisin on a creusé dans la marne glaiseuse une citerne en forme de bouteille au large goulot, dont l'ouverture se ferme hermétiquement à l'aide d'une planchette cachée dans une cage latérale et actionnée au moyen d'une gigantesque clef en bois. Dans ces montagnes désolées, où il n'y a ni sources ni cours d'eau permanent, la citerne est une nécessité de premier ordre.

Sortis du village de Zoualligh, nous continuons à remonter le lit de la rivière; les montagnes se rapprochent bientôt et la formation marneuse s'amincit rapidement. Nous apercevons à droite les murs de la zaouïa de Sidi-ben-Aïssa au-dessus de laquelle une crête rocheuse est surmontée par le village de Guelâa-ben-Aïssa. Les maisons, bâties en pierrailles noyées dans un mortier d'argile, sont presque toutes posées sur des bandes de rochers de quelques mètres d'épaisseur où s'ouvrent, comme des gueules noires, des portes de magasins ou d'étables. Ici les bestiaux seuls sont troglodytes.

Nous déjeunons au pied de quelques Dattiers près de l'oued et nous décidons de pousser jusqu'à Taoudjout, village du groupe des Matmata qui parlent berbère et qui est situé du côté opposé de la montagne.

Nous suivons un long ravin latéral où s'étagent d'abord une série de ces jardins, avec chaussées et cuvettes, que nous avons déjà décrits, mais qui ne tarde pas à se rétrécir et à s'obstruer de couches de pierres en escalier. Nos mulets glissent sur la surface polie; cependant nul accident sérieux ne se produit et, arrivés au col, nous prenons sur le revers opposé un ravin moins accidenté qui ne tarde pas à se peupler de vergers et nous amène de bonne heure jusqu'au mamelon au sommet duquel s'élève Taoudjout.

Dans le trajet, je constate dans les fentes des rochers l'*Anthyllis*

(1) التمر والحليب العتور متع الحبيب «La datte et le lait sont le déjeuner qu'on offre à un ami».

Henoniana, nouveau pour la Tunisie, et le charmant *Teucrium Alopecuros* De Noé, découvert en Tunisie par mon excellent ami M. Kralik, qui n'en avait recueilli que deux pieds au Djebel Aziza.

A Taoudjout nous campons, au-dessous du village, sur un petit col et près d'une citerne, dont un notable du village vient nous remettre la clef en cérémonie.

J'ai le temps avant la nuit d'aller faire une herborisation dans les moissons voisines, où je retrouve encore l'*Onopordon Espinæ* avec le *Rœmeria Orientalis*, le *Kœlpinia linearis*, le *Plantago ovata* et l'*Astragalus peregrinus*, nouveau pour la Tunisie.

Le 21 avril, notre convoi est dirigé sur Tamezret, tandis que nous allons visiter le village de Zeraoua. De ce côté le massif s'abaisse un peu, les pentes sont moins âpres, la route plus facile jusqu'au piton isolé au sommet duquel est plantée fièrement Zeraoua qui rappelle exactement certains villages kabyles. Tout y est organisé pour la défense; des passages couverts conduisent aux rues intérieures; les maisons, dans la construction desquelles les poutres de palmier jouent un grand rôle, ont chacune un vestibule et une cour sur laquelle s'ouvrent les chambres surmontées de terrasses. La réception est très cordiale et j'y prends une leçon de berbère fort intéressante. Les habitants insistent beaucoup pour nous retenir à déjeuner, mais nous sommes attendus à Tamezret. Nous remontons à cheval, et après avoir descendu la pente du piton, nous nous engageons dans de vrais sentiers de chèvres, le long desquels je récolte l'*Erodium arborescens* ainsi que le *Zollikoferia quercifolia* et retrouve le *Teucrium Alopecuros*. Je suis fort étonné de voir tout près de là, sur le versant méridional d'une colline, de belles touffes du *Stipa tenacissima*, le véritable *Halfa* que je n'avais pas encore trouvé dans la région du Sud et qui, d'après les habitants, s'étend sur le plateau jusqu'en Tripolitaine.

Enfin nous débouchons, par un sentier horriblement escarpé et difficile, au pied d'une pente rocheuse que couronne le grand village de Tamezret, remarquable par son étendue, ses koubbas blanches et, dit-on, aussi par l'esprit indépendant et hargneux de ses habitants. C'est du moins ce qu'affirment les gens de notre convoi qui ont eu des discussions avec les notables au sujet du lieu de campement et qui sont allés s'établir assez loin du village, du côté de l'est.

Dans toute cette partie de la montagne, abrupte et garnie de longues dalles rocheuses, quelques bas-fonds seuls peuvent être utilisés pour la culture au prix de travaux immenses, et souvent, hélas! bien mal récompensés.

Les vergers et les rares moissons n'offrent guère que les plantes vulgaires de la plaine, dont les graines ont sans doute été apportées avec le blé ou l'orge au temps des semailles; mais tout près du campement, le flanc du coteau, formé tout entier d'une immense table de pierre, présente une série de petites espèces intéressantes pour la région : *Clypeola Jonthlaspi* var. *microcarpa*, *Biscutella Apula* var., *Silene apetala*, *Polycarpon tetraphyllum*, *Galium setaceum*, *G. Parisiense*, *Vaillantia lanata*, *Linaria simplex* et *Lamarckia aurea*.

Dès l'aube du 22, nous quittons Tamezret sans regret; un sentier, moins scabreux que je ne le craignais de prime abord, nous promène à travers des collines d'une stérilité toujours aussi monotone et nous finissons par déboucher dans une sorte de vallée épanouie à son sommet et occupée par un vaste dépôt de l'inévitable marne argileuse d'un gris jaunâtre; elle est cerclée par une ronde de collines aux pentes adoucies, dominées au sud-est par une guelâa que surmonte, en forme de casque, un énorme rocher d'une pierre calcaire qui sonne comme du métal. Dans cet immense bas-fond aux ondulations émoussées, où le vent du sud agite les palmes de Dattiers clairsemés et fait frissonner quelques carrés de moissons déjà jaunissantes, on n'aperçoit que deux ou trois koubbas d'un blanc éclatant, une zaouïa carrée également éblouissante de chaux récente, un pressoir à huile aux arcades murées et enfin les voûtes inachevées d'un édifice destiné à servir de harem aux femmes du chef. Si nous n'avions pas eu l'expérience de Zoualligh, nous n'aurions jamais pu supposer que nous étions arrivés à la capitale (Beled-Kebira) des Matmata, et que nous avions littéralement sous les pieds toute une population de plus d'un millier d'hommes.

Tout à coup surgit du sol comme d'une trappe Sid-Ali-ben-Ahmed, le chef du pays, qui nous fait camper au-dessus d'un de ses magasins et nous comble tous de lait, de miel et d'un couscous assez pimenté pour ramener de la périphérie à l'estomac l'activité vitale que le *guebli* (1) avait attirée à la peau.

Une exploration rapide des environs du campement nous procure une récolte assez abondante où, parmi une foule de vulgarités ubiquistes, nous trouvons à signaler : *Reseda Arabica*, *R. Duriæana*, *Coriandrum sativum* subspontané?, *Eryngium ilicifolium*, *Chamomilla aurea*, *Amberboa Lippii*, *Centaurea Melitensis*, *C. contracta*, *Heliotropium undulatum*, *Anchusa hispida* et *Teucrium Alopecuros*.

(1) Le vent du sud, le sirocco ou semoum «l'empoisonné».

Nous partons ensuite, sous la conduite du fils du chef, pour visiter le piton de la guelâa : il faut d'abord traverser, avec d'infinies précautions et des détours sans nombre, la région des puits creusés par ces taupes humaines, gravir par un sentier ardu la base du mamelon et choisir ensuite un point propice pour escalader les assises horizontales de la roche; nous atteignons enfin un petit plateau allongé, encombré de quelques ruines sans caractère.

De ce sommet, nous entrevoyons, dans la brume laiteuse que forme la poussière soulevée par le *guebli*, un chaos de hautes cimes stériles qui se perdent en ondulations de plus en plus confuses vers le sud et l'est. Du côté du nord, au contraire, la montagne ne conserve sa hauteur que sur notre gauche et se dégrade peu à peu en simples collines qui aboutissent à la plaine nue et grise de l'Aradh sur laquelle, au loin, se dessinent vaguement quelques taches brunes qui sont des oasis.

Tout autour de la base du rocher sont accumulées des ruines de différents âges. Parmi des murs sans ciment et des terrasses à demi effondrées, se dressent un reste de voûte et une haute arcade qui ont conservé un cachet d'élégante grandeur. Il est probable qu'à une certaine époque il y a eu lutte parmi les Matmata entre les bâtisseurs et les fouisseurs, lutte qui a peut-être été compliquée d'une question religieuse et qui a dû se terminer par l'émigration des vaincus.

L'exploration des flancs de cette citadelle naturelle nous procure un certain nombre de plantes qui manquent à la plaine ainsi qu'à la région des collines : *Geranium molle, Ruta bracteosa*, *Umbilicus horizontalis*, *Caucalis cærulescens*, *Galium petræum*, *G. Bourgæanum*, *Vaillantia muralis*, *Callipeltis Cucullaria*, *Celsia laciniata* type et variété, *Ephedra fragilis* (1).

Cependant le vent augmente de violence et l'approche de la nuit nous invite à regagner prudemment notre tente.

Cette fois, nous traversons le cimetière. Chose remarquable : la plupart des peuples ont creusé des caveaux et des catacombes pour leur confier leurs morts; les Matmata ont leurs sépultures en plein soleil et ce sont les vivants qui sont les hôtes des hypogées!

L'étape est courte aujourd'hui, 23 avril, car nous devons coucher au village de Hadedj (2). En quittant Beled-Kebira, je remarque le long de la route une sorte de muraille, fréquente dans la région des

(1) Le *Caucalis cærulescens* et le *Galium Bourgæanum* sont nouveaux pour la flore tunisienne.

(2) Hadedj حدج est un des noms arabes de la Coloquinte (*Cucumis Colocynthis*).

Hauts-Plateaux, qui accompagne presque partout dans le Nord de l'Afrique les monuments mégalithiques et qui est pour nous le signe et l'une des preuves de leur origine berbère. Ce mur est constitué par deux lignes parallèles de pierres brutes plantées dans le sol.

La route, très douce, descend presque constamment; les assises rocheuses se font de plus en plus rares sur les monticules décroissants et la puissante formation d'argile marneuse s'accuse partout, offrant à la pioche des troglodytes les meilleures conditions pour établir leurs puits et leurs casemates.

Un oued asséché, aux cailloux blancs, forme la limite du territoire de Beled-Kebira. Sur la rive nous attend Si-Sassi-Fetouch, orné de deux nichans et flanqué de ses trois fils, beaux garçons un peu gras, superbement drapés dans leurs haïks djeridis. La figure grave de Sassi-Fetouch, sa parole brève et un peu rude dénotent la franchise et annoncent l'énergie. Nous causons amicalement jusqu'au lieu désigné pour le campement et je suis étonné de la netteté et de la rectitude de ses appréciations.

Comme Beled-Kebira, Hadedj se dissimule aux regards : il faut arriver à l'orifice des excavations pour les apercevoir. Quelques Dattiers, quelques Oliviers se montrent çà et là au-dessus du sol où végètent seules quelques-unes de ces plantes rudérales, cortège habituel de l'homme.

En dehors de ces vulgarités, je ne trouve à noter que : *Haplophyllum tuberculatum*, *Anthyllis Henoniana* (déjà signalés et que nous retrouverons dans toute la région), *Linaria laxiflora*, *Stipa parviflora*, et surtout le beau *Carduncellus eriocephalus*.

Hadedj ne possède comme édifice qu'une modeste mosquée, mais la maison souterraine où je vais rendre visite à Sassi-Fetouch et qui n'est pas du reste une véritable habitation, mais un lieu officiel de réception (le *Selamlik* turc ou le *Dar-diaf* arabe), sort des règles ordinaires et présente un type spécial. L'excavation centrale, au lieu d'être ronde, est carrée et si l'on peut monter du ravin jusqu'à la cour par une *skifa* voûtée, on peut aussi y descendre directement par un perron ménagé dans la masse marneuse et entaillé de degrés. Deux casemates ornées de canapés et de matelas servent de chambres d'audience, un cafetier est installé dans une troisième.

Nous sommes évidemment en présence d'une civilisation plus avancée que celle que nous avons rencontrée jusqu'ici chez les Matmata. Bien que leur capitale soit Beled-Kebira et que leur chef officiel soit Sid-Ali-ben-Ahmed, Sassi-Fetouch, plus intelligent et plus fier à la fois, exerce une influence au moins égale. On sent en l'écoutant quel patriotisme ardent l'anime : il ne cache pas sa haine contre les Matmata qui ont abandonné les *trous* de leurs ancêtres pour se construire des villages de pierre sur les hauts lieux. Ce sont, d'après lui, des Berbères dégénérés qui d'ailleurs ne craignent pas de pactiser avec les Arabes nomades, de les introduire dans le pays sous prétexte de çof et de favoriser les exactions de ces pillards contre leurs frères des hypogées nationaux. Il invoque l'aide et la protection de la France pour s'affranchir d'un joug inique. Il compte sur sa justice pour assurer la sécurité aux populations paisibles et conserver aux montagnards la libre jouissance de la montagne.

Je le quitte pour faire une course vers l'est dans les dépressions où poussent des Oliviers et où, malgré la sécheresse, croissent quelques céréales. Je constate, comme à Taoudjout, comme à Beled-Kebira, que les plantes des moissons sont presque toutes adventives, que leurs graines ont été apportées de la plaine et qu'elles ont crû avec le blé et l'orge, donnant une végétation variée comme leur origine. Ainsi, en compagnie des *Anagallis arvensis*, *Lithospermum arvense*, *Torilis nodosa*, *Bromus rubens*, *Galium tricorne*, *Avena barbata*, *Papaver Rhœas*, *P. hybridum*, déjà rencontrés dans tous les champs, nous recueillons le *Neslia paniculata*, le *Silene nocturna*, le *Scandix Pecten-Veneris*, le *Bifora testiculata* et le *Lotus pusillus*, nouveaux venus apportés évidemment d'une région différente.

L'*Ervum Lens*, qui, déjà à Taoudjout, apparaissait comme subspontané, s'est ici tellement acclimaté qu'il abonde partout et forme pour ainsi dire le fond de la végétation dans les champs cultivés.

Le 24, au matin, nous sommes sur pied de bonne heure. Sassi-Fetouch et ses trois fils viennent nous faire leurs adieux et nous tenir l'étrier. Je ne me sépare pas sans regret de ces braves gens, représentants d'une noble et vieille souche berbère dont les rameaux occupent encore, jusque dans la Tripolitaine et le Fezzan [1], les montagnes où leurs ancêtres creusaient déjà leurs casemates au temps des premiers comptoirs puniques. Il faut admirer la fidélité pieuse avec laquelle ils ont conservé jusqu'à nos jours les traditions et les vertus obstinées de leur race.

[1] La mission algérienne de Ghadamès a rencontré ces mêmes habitations à Zenthan où, d'après Vatonne, elles seraient creusées par des ouvriers venus du Fezzan. Quelques-unes ont deux étages, ce qui existe aussi chez les Matmata (*Mission de Ghadamès*, p. 80, 81, 234 et 235, fig. 5 et 6). Des demeures troglodytiques sont également signalées dans diverses chaînes de montagnes ou de collines de la Tripolitaine.

Notre route est désormais facile : la vallée que nous descendons s'élargit, les crêtes rocheuses s'éloignent à l'horizon, la rivière sans eau que nous franchissons nous montre seule un lit de galets et bientôt nous débouchons dans la plaine où le *Zizyphus Lotus* et le *Rhus oxyacanthoides* verdoient en larges buissons. Le *Rhanterium suaveolens* réapparaît et devient bientôt la plante dominante avec le *Thymelœa hirsuta.* La route court tout droit au nord, égayée çà et là par les fleurs du *Delphinium pubescens* var. *dissitiflorum* et de l'*Uropetalum serotinum.*

Ce n'est qu'après plus de trois heures de marche que nous atteignons un ressaut rocailleux où poussent le Romarin, le *Periploca angustifolia* et le bel *Erodium arborescens.*

Au nord de ce coteau qui doit au Romarin son nom arabe de Djerf Oumm-el-Azir [1], un douar arabe entouré de chèvres, seul témoignage de la présence de l'homme dans la vaste plaine, nous fournit un peu de lait et nous ne tardons pas à faire la halte du déjeuner dans une dépression voisine d'un oued aux bords rocheux aimés des perdrix.

Le lit desséché de la rivière qui représente le cours inférieur de l'Oued Tour contient çà et là quelques minces amas de sable sur lesquels pousse avec vigueur le groupe des Graminées arénicoles : *Arthratherum pungens*, *A. ciliatum*, *Pennisetum asperifolium*, accompagnées du *Convolvulus supinus* et de l'*Asphodelus viscidulus.* Le coteau pierreux nous fournit le *Lœflingia Hispanica* et l'*Hippocrepis ciliata.*

Nous reprenons notre route et ne tardons pas à voir poindre d'abord, puis s'étendre, l'oasis d'El-Amdou, précédée de ghedirs d'eau saumâtre bordés de *Tamarix.* Le chemin longe ensuite une muraille moderne bâtie avec de grandes pierres taillées par les Romains. Encore quelques pas et le marabout de Sidi-Abou'l-Baba se dresse à notre gauche, puis les Palmiers de Gabès bordent la ligne d'horizon. Nous sommes arrivés.

IV

Le Sud de l'Aradh.

§ 1. — DE GABÈS À KÇAR-EL-METAMEUR.

Départ le 27 avril à six heures. Traversé rapidement la petite plaine poudreuse de Gabès, Aïn Zerig, l'oasis de Teboulbou et

(1) جرف ام العزير, le coteau du Romarin.

l'Oued Serrak, qui contient de nombreuses flaques d'eau entourées de Joncs, encombrées de *Zannichellia macrostemon* et d'un Potamot à feuilles étroites. J'y ai pêché deux espèces de Mollusques. Franchi un peu plus loin l'Oued Merzig, sans eau et sans végétation. Au delà le pays est plat, couvert de *Rhanterium*, des *Thymelæa microphylla* et *hirsuta;* l'*Anarrhinum brevifolium* commence seulement à fleurir. A dix heures, nous campons à Ketenna, auprès du bassin de la source. L'oasis n'a que peu de Dattiers, entourés d'assez belles moissons. Après le déjeuner, je cours au lit de l'Oued Ferd, qui borde l'oasis du côté sud et qui a conservé quelques ghedirs entourés de Roseaux, de Lauriers-Rose, de *Tamarix Gallica* et de *Typha angustifolia* var. *latifolia.* J'y recueille les *Juncus lamprocarpus* et *bufonius*, le *Lepturus incurvatus*, le vulgaire *Æluropus repens*, le *Polypogon Monspeliensis*, l'*Imperata cylindrica* et le *Cyperus junciformis* qui, avec l'*Apium graveolens*, l'*Helosciadium nodiflorum* et le *Samolus Valerandi*, forment dans le Sud tunisien le cortège habituel de tout filet d'eau.

Le sable qui s'est déposé le long des berges présente quelques espèces plus intéressantes :

Erucaria Ægiceras J. Gay.
Erodium glaucophyllum Ait.
Hippocrepis ciliata Willd.
H. bicontorta Lois.
Pulicaria Arabica Cass. *var.*
Centaurea dimorpha Viv.
Andryala Ragusina L. *var.*
Salvia lanigera Poir.
Scrofularia deserti Del.
Asphodelus tenuifolius Cav.
Pennisetum Orientale Rich.

La pluie nous surprend en pleine herborisation; en vain nous hâtons notre retraite, qui se change bientôt en une fuite précipitée, et, mouillés jusqu'aux os, nous arrivons à la tente. Bientôt la pluie tourne à l'ouragan, et jusqu'à la nuit nous devons nous tenir confinés dans notre étroit refuge, que viennent encombrer bientôt nos cinq cavaliers arabes.

Le lendemain, le ciel est bleu et le soleil brille. A partir de l'Oued Ferd, le fond de la végétation est constitué par l'*Anarrhinum brevifolium.* En approchant de la cuvette appelée Sebkha Zerguin apparaissent quelques buissons avec le *Limoniastrum monopetalum*, les Salsolacées ordinaires de la région et le *Cichorium Intybus* var. *divaricatum*, cette banalité vulgarissime, devenue ici une insigne rareté. Les indigènes ont labouré une partie de la dépression, et dans les moissons poussent le *Microlonchus Duriæi* et l'*Amberboa Lippii.* Ce point, favorable aux cultures, semble avoir eu, au temps de l'occupation romaine, une certaine importance, car sur un monticule, à droite de la sebkha, se dressent des ruines qui portent le nom de Henchir Medjoubia.

La plaine reprend ensuite son caractère de monotonie et de nudité jusqu'à Mareth, où nous faisons une halte de quelques minutes à la lisière de l'oasis, au bord d'un bassin sur lequel voltigent des mouettes et où vit une Amnicole.

Au siècle dernier, les gens de Mareth avaient la réputation méritée de voleurs, si l'on croit Moula Ahmed, et ne respectaient même pas les pèlerins et les tholba!

Il est encore de bonne heure et nous poussons jusqu'à Aram; guidés par le khalifa, nous traversons rapidement l'Oued Zegzaou et l'Oued Aram, qui coule au nord de la zaouïa au pied d'une colline où s'élèvent les nombreux tombeaux des chérifs de la tribu des Hamarna. Ce mince village nous parut bien déchu et bien pauvre : beaucoup des koubbas sépulcrales tombent en ruines, les enduits s'effritent et les marabouts de la zaouïa sont maigres et mal vêtus. Quelques jardins seulement composent l'oasis, alimentée par une source où les crapauds célèbrent leur hyménée.

Après le déjeuner, je retourne à l'Oued Zegzaou, dont le sable encore humide m'a paru intéressant à explorer. Je note, dans son lit et sur ses bords, les espèces suivantes :

Koniga Libyca R. Br.
Helianthemum Tunetanum Coss. et Kral.
Retama Ræam Webb.
Deverra scoparia Coss. et DR.
D. chlorantha Coss. et DR.
D. tortuosa DC. *var.* virgata.
Galium Parisiense L.
G. setaceum Lmk.
Vaillantia muralis L.
Callipeltis Cucullaria DC.
Cladanthus Arabicus Cass.
Rhanterium suaveolens Desf.
Scrofularia arguta Ait.
Rumex vesicarius L.
Parietaria Mauritanica DR.
Pennisetum asperifolium Kunth.
Festuca tuberculosa Coss. et DR.

Nous retrouverons désormais l'*Helianthemum Tunetanum* dans tout l'Aradh.

Départ de bonne heure le lendemain, 29 avril. Même terrain que la veille. Traversé successivement les Oued Medjerda, Zess et Mezessar. Campé pour la grande halte sur le bord de ce dernier, où nous constatons l'abondance de l'*Anthyllis Henoniana* et du *Calycotome intermedia*.

Le lit de l'oued offre :

Delphinium peregrinum L. *var.* halteratum.
D. pubescens DC. *var.* dissitiflorum.
Silene apetala Willd.
Erodium pulverulentum Willd.
E. hirtum Willd.
Trigonella stellata Forsk.
Lotus edulis L.
Astragalus tenuifolius Desf.
Psoralea bituminosa L.
Catananche arenaria Coss. et DR.
Andryala tenuifolia DC.
A. integrifolia L.
Cladanthus Arabicus Cass.
Orobanche cernua Lœfl.
Salvia Ægyptiaca L.
Statice Thouini Viv.

Au pied des berges poussent de beaux pieds du *Ricinus communis* au moins subspontané.

Départ à midi. Toujours la plaine monotone de l'Aradh; remarqué l'abondance des *Deverra*. Arrivée à deux heures à l'établissement de la compagnie mixte où nous sommes accueillis cordialement par le capitaine Rébillet et ses officiers. Nous faisons immédiatement une visite au village de Kçar-el-Metameur [1], situé à un kilomètre et demi plus au sud. Sauf quelques boutiques et un certain nombre de tentes appartenant aux tribus nomades, le village ne contient que des magasins superposés quelquefois sur trois et quatre étages, dans lesquels plusieurs tribus arabes ou berbères déposent leurs céréales et leurs provisions, sous la protection respectée des habitants. Ces greniers consistent tous dans une chambre unique, voûtée, qui n'a d'autre ouverture que la porte à laquelle on accède, pour les étages supérieurs, au moyen de degrés irréguliers fichés dans le mur, degrés dont l'ascension, ou plutôt l'escalade, exige une véritable gymnastique.

Les habitants, grossiers, sobres et avares, ont les mœurs républicaines des Kabyles. Je vois le Cheikh-el-Arf, vieillard à l'aspect vénérable et à barbe blanche, devant lequel ils portent leurs différends et qui les termine par voie d'arbitrage, sans avocats et sans frais. Le Mïad (Djemâa) a tous les pouvoirs et fait exécuter ses décisions par un chef élu, le Cheikh-Chartia.

Au pied du kçar, le long de l'oued, s'étendent les jardins qui, indépendamment des eaux fournies par les grandes crues, naturellement insuffisantes, sont irrigués au moyen de puits. Le système d'arrosage est le même qu'au Mzab. Les dattes sont de qualité très inférieure, mais les figues sont excellentes et les légumes assez abondants, surtout les

(1) Les indigènes, suivant un usage presque général en Tunisie, prononcent le qaf ق comme un G et disent : Gueçar-el-Metameur, pour قصار المتامر.

Oignons, les Tomates, les Piments et diverses espèces de Cucurbitacées.

La matinée du 30 est consacrée au repos et à la préparation des récoltes.

Dans l'après-midi, visite à Kçar-el-Moudenin. Nous traversons cinq kilomètres d'un pays plat, dont la végétation pauvre, uniforme et grise est la caractéristique de l'Aradh : le *Scabiosa arenaria*, le *Rhanterium suaveolens*, les deux Armoises (*Artemisia campestris* et *Herba-alba*), les *Thymelæa hirsuta* et *microphylla*, le *Gymnocarpos decandrum*, le *Linaria fruticosa*, le *Lygeum Spartum* et l'*Andropogon hirtus* en forment le fond invariable, auquel viennent s'ajouter le *Carduncellus eriocephalus* et des pieds assez nombreux d'*Atractylis flava*.

L'absence de sable, qui entraîne l'absence de la plupart des espèces que l'on est habitué à considérer comme plus exclusivement sahariennes, donne à cette plaine basse, malgré sa situation très avancée dans le sud, l'aspect et la couleur de nos Hauts-Plateaux algériens.

Aux approches du kçar, le terrain devient rocailleux, les silhouettes des Palmiers se découpent sur le ciel d'un bleu cru. Nous traversons un oued sur un lit hérissé de galets, et nous entrons dans le village, beaucoup plus considérable que celui de Kçar-el-Metameur. La réputation de ses marabouts lui attire la clientèle de nombreuses tribus dont chacune possède son quartier de magasins à plusieurs étages. Sur une place centrale, grande, mais irrégulière, s'ouvrent de nombreuses boutiques, tenues en grande partie par des juifs qui vendent à peu près de tout, surtout les articles de contrebande et de la poudre. Il y a en outre des ateliers de forgerons et de cordonniers, mais l'établissement le plus remarquable est un café. La mosquée à minaret carré est coiffée d'une grosse coupole couverte de briques vernissées vertes, qui se redressent comme les écailles des dragons fabuleux.

Les Dattiers appartiennent aux variétés cultivées chez les Matmata et à Kçar-el-Metameur, et donnent des produits abondants mais détestables.

Les habitants sont presque tous drapés dans une longue couverture brune, coiffés d'une calotte rouge et chaussés de pantoufles (*belgha*) jaunes ou de bottines brodées du Fezzan.

Comme souvenir de notre visite, nous achetons une poire à poudre indigène en bois (*balaska*) en forme de disque surmonté d'un goulot, curieusement sculptée au couteau, et nous revenons d'un trot rapide hâté par le scintillement des premières étoiles.

§ 2. — LES HAOUAÏA ET LES GHOMRASEN.

Le 1er mai commence notre exploration du massif montagneux qui, depuis le pays des Matmata, borde à l'ouest la plaine de l'Aradh jusqu'au delà de Douiret et se recourbe ensuite presque à angle droit pour pénétrer en Tripolitaine.

Le capitaine Rébillet nous accompagne avec un officier, vingt-cinq cavaliers et dix mulets. Nous formons une petite colonne en avant de laquelle un cavalier arabe joue de la flûte et bondissent deux lévriers.

La plaine plate offre toujours la même végétation; nous remarquons seulement d'assez nombreuses touffes de *Stipa gigantea*. Nous rencontrons quelques outardes (*houbeïra*) qui, avant de s'enlever, courent en battant des ailes, et, non loin d'un douar arabe, un cercle de vautours plane au-dessus de la carcasse d'un chameau.

Enfin la montagne grandit et, près de sa base, nous rencontrons un oued sur les bords duquel poussent, à la limite de quelques champs d'orge et de froment, de beaux buissons de *Zizyphus Lotus*, de *Rhus oxyacanthoides*, de *Calycotome* et de *Periploca angustifolia*. Je mets pied à terre un instant pour cueillir le *Ruta bracteosa* dont les graines sont sans doute descendues des hauteurs, et le *Farsetia Ægyptiaca* que je n'ai pas encore rencontré depuis Gabès. L'oued franchi, nous tournons à gauche et gravissons un ravin sans caractère, au sol d'un blanc grisâtre que percent de minces pointes de roches calcaires. Nous y déjeunons près d'un puits naturel, d'ailleurs peu abondant, sans que je puisse découvrir aux environs une seule plante intéressante.

En revanche, la grande fissure dans laquelle nous nous engageons ensuite, et qui monte rapidement en zigzag à travers des couches de rochers formant des gradins de plus en plus puissants, où glissent et s'abattent les mulets, ne tarde pas à me fournir quelques espèces à noter : *Helianthemum virgatum* var. *asperum*, *Dianthus serrulatus*, *Anthyllis Henoniana*, *Ferula Vesceritensis*, *Periploca angustifolia*, *Lithospermum Apulum*, *Scrofularia arguta*, *Teucrium Alopecuros*, *Statice Thouini*, *Stipa tenacissima*.

En débouchant du Foum-Hallouf sur le plateau des Haouaïa, après cette montée laborieuse, se présente une végétation luxuriante qui contraste avec la misère de la plaine que nous venons de quitter. Je remarque en passant le bel *Onopordon Espinæ*, l'*Uropetalum serotinum*, le *Bellevalia comosa*, les *Erodium Ciconium*, *hirtum*, *glaucophyllum* et *laciniatum*, les *Astragalus caprinus* et *cruciatus*, l'*Allium roseum* et l'*Hedysarum spinosissimum* en fleurs.

Nous longeons de belles moissons au milieu desquelles s'élèvent des Oliviers touffus et de grands Figuiers. Au bout d'une demi-heure de marche sur ce plateau uni et verdoyant, nous voyons le terrain se raviner et la marne argileuse apparaître; de même que chez les Matmata, les dépressions sont garnies de barrages formant de nombreuses cuvettes plantées d'arbres et semées de céréales. Sur leurs flancs seulement la terre se montre nue et quelquefois traversée d'une étroite bande de rocher. Les cols, peu prononcés, sont creusés de citernes, comme chez les Matmata, et dans la marne sont taillés des couloirs à l'air libre et des magasins souterrains aux portes ogivales ou cintrées. Au-dessus de chaque groupe de casemates s'élève sur quatre poteaux un toit de branchages ou de Halfa, formant un hangar ouvert aux quatre vents[1] et qui sert pendant l'été d'habitation aux Oueghamma. Ceux-ci, en ce moment, occupent la plaine avec leurs troupeaux; ils remonteront après la tonte de leurs moutons pour redescendre encore après la cueillette et la dessiccation des figues.

Le capitaine nous conduit à travers des ravins marneux jusqu'au village fermé des Beni Khededj, bâti comme les kçour de Moudenin et de Metameur. J'y compte jusqu'à six rangées de magasins superposés.

Après avoir conféré avec les chefs du kçar, le capitaine Rébillet nous ramène vers l'est sur le plateau où nous installons notre campement près d'une citerne, au sud du Djebel Mezemzem, appelé aussi Djebel Demeur, le point le plus élevé de toute la chaîne. J'ai encore le temps, avant le déjeuner, de faire une petite herborisation autour de nos tentes. J'y constate : *Anthyllis Vulneraria*, *Nonnea phaneranthera*, *Silene cerastioides*, une variété du *S. bipartita*, *Centaurea contracta*, *Vicia calcarata*, *Medicago tribuloides*, *Senecio coronopifolius*, *Atractylis cancellata*, *Trigonella Monspeliaca*, *Kœlpinia linearis* et un *Gagea* malheureusement en fruits plus que mûrs.

Dans l'après-midi je retourne vers l'est, avec le capitaine, à travers des champs en friche couverts d'*Artemisia campestris*, et je visite avec soin les dernières consoles horizontales qui forment le bord du plateau. J'y retrouve le *Dianthus serrulatus* et le *Scrofularia arguta* déjà notés, et j'en rapporte encore quelques beaux pieds du *Teucrium Alopecuros*, qui y croît en compagnie des *Celsia laciniata*, *Statice echioides*, *Helichrysum Stœchas*, *Helianthemum hirtum* var. *deserti*, *H. sessiliflorum*, *Teucrium Polium* à fleurs jaunâtres.

[1] Ces hangars s'appellent *Khourçç*, خرص, pluriel *Khourçaç* خرصاص, ou *Kib* كيب, pluriel *Kiab* كياب.

Nous revenons par un sentier bordé d'une véritable plate-bande de *Chrysanthemum coronarium.*

Le 2 mai, l'herborisation devait être plus intéressante : il s'agissait d'arriver jusqu'au sommet du Djebel Mezemzem, dont les pentes pierreuses sont terminées par une masse abrupte de calcaire et dont le sommet porte à 750 mètres le point culminant de tout le pays. Sur le versant méridional, nous retrouvons en grande partie les plantes déjà récoltées la veille; mais nous y voyons pour la première fois le *Genista microcephala* en buissons courts et ras, et nous y recueillons le *Reseda propinqua.* Vers le haut de la montagne, nous rencontrons un véritable petit taillis de *Caroxylon articulatum* et de *Salsola longifolia.* Dans les anfractuosités du rocher les *Urtica urens* et *pilulifera* couvrent les décombres d'anciennes habitations écroulées; des fentes de la pierre émergent l'*Umbilicus horizontalis*, le *Fumaria Numidica*, le *Galium petræum* et le *Capparis spinosa* var. *Fontanesii.* A la base du rocher terminal, nous recueillons encore l'*Echium calycinum*, l'*Echium maritimum*, l'*Anchusa Italica*, l'*Hyoscyamus albus*, le *Celsia laciniata* et le *Scrofularia arguta* qui semblent vulgaires dans la région. Mais une plante surtout attire notre attention par sa haute tige et ses belles feuilles radicales : c'est évidemment une Composée ou une Dipsacée, malheureusement des chèvres ont monté jusque-là et n'en ont pas respecté un seul capitule. En levant les yeux vers la cime, j'aperçois sur les dernières assises quelques pieds intacts, mais pourrai-je atteindre ce point où la chèvre n'a pu grimper ? A force de tourner autour du massif, je découvre un endroit où le roc est coupé moins perpendiculairement et présente quelques aspérités; en m'aidant plus des mains que des pieds, je finis par m'élever jusqu'à la corniche terminale et, parmi les débris d'une vieille kasba berbère en ruines, j'ai la satisfaction de récolter quelques échantillons passables de ma plante. Les capitules ne sont pas complètement épanouis, néanmoins je puis reconnaître que j'ai sous les yeux un *Centaurea* du groupe du *C. Tagana*, probablement le *C. Africana.* Heureux de ma découverte, je me laisse glisser jusqu'au bas du rocher et je reviens au campement avec mon collègue M. Lataste, fier lui aussi de la capture d'un énorme *Vipera Mauritanica* dont l'exhibition met en fuite les deux tiers de notre monde.

Pendant le déjeuner, le capitaine Rébillet nous signale dans un ravin formé par les escarpements du plateau une source véritable, merveille inouïe dans toute la région, et, dans l'après-midi, mettant à profit son inépuisable complaisance, nous descendons vers le sud en contournant le bord du plateau. Bientôt, il nous faut abandonner nos montures pour arriver au-dessus d'Aïn Guettar «la fontaine des gouttes», qui n'est pas une fontaine, mais une fracture à bords droits dans les couches rocheuses, d'abord étroite, puis s'élargissant assez rapidement dans le sens de la pente, où, au fond, quelques suintements se discernent à peine. Dans les crevasses croît un beau *Pancratium*, malheureusement sans fleurs; mon préparateur en recueille, non sans péril, une douzaine de bulbes[1], pendant que M. Lataste poursuit en vain quelques Goundis, ces petites marmottes de l'Atlas, chères aux gourmets des montagnes sahariennes.

Nous continuons ensuite à suivre le bord du plateau qui s'abaisse un peu, en formant une sorte d'escalier glissant, le long duquel je retrouve des pieds trop jeunes du *Centaurea Africana*, et je récolte avec le *Scilla Peruviana*, que je n'ai pas revu depuis le Tell, le *Notochlæna Vellæ*. Un sentier dangereux nous amène jusqu'au milieu de la pente où coule, sur le flanc d'un grand ravin, une fontaine aux eaux vives et fraîches, mais peu abondantes, Aïn Temran, qui sort du rocher au milieu de Fougères élégantes (*Adianthum Capillus-Veneris* et *Cheilanthes odora*). L'eau descend de degré en degré pour se perdre dans un fond encombré de broussailles et de lianes au-dessus desquelles émergent les panaches de quelques Dattiers. C'est un coin ravissant. Malheureusement un propriétaire de chèvres trop exploitées par les chacals à qui ce fouillis servait de refuge y a mis le feu; la flamme, excitée par le vent, a monté jusqu'à la cime des Dattiers et les a roussis. Après avoir recueilli, autour des petits bassins en cascade, les *Lythrum thymifolia*, *Apium graveolens*, *Umbilicus pendulinus*, *Geranium molle*, *Galium setaceum*, *Campanula dichotoma* et *Juncus bufonius* var. *fasciculatus*, je viens rejoindre mes compagnons et contempler avec eux la vaste plaine de l'Aradh, longue, grise et nue, sur laquelle s'étend à nos pieds la grande ombre de la montagne.

Le soleil était déjà couché lorsque nous rejoignons nos montures, et nous rentrons au campement «à l'obscure clarté qui tombe des étoiles».

Dès l'aube du 3 mai, nous sommes à cheval, coupant à travers les marnes ravinées le plateau que couronne un demi-cercle de hauteurs

[1] Comme presque tous les *Pancratium*, celui-ci a bien poussé en serre, mais n'y a pas fleuri. Il faut attendre pour être fixé sur sa détermination qu'un botaniste fasse une nouvelle excursion à Aïn Guettar à la fin de l'été ou au commencement de l'automne, époque présumée de la floraison.

IMPRIMERIE NATIONALE.

dont le Djebel Mezemzem est la plus haute cime, pour gagner le lit d'un oued qui nous sert longtemps de route. Un puits très profond, entouré d'auges en pierre, serait, d'après la tradition, la demeure d'une famille de Djenoun [1] et il en sortirait parfois des bruits terrifiants. Un col pierreux, mais d'un relief médiocre, nous amène ensuite sur un vaste plateau bordé d'un rang de collines qui s'étendent vers l'ouest en courbe allongée. Le fond est occupé par une légère dépression remplie d'un sable terreux où passe le lit de l'Oued El-Kheil «rivière des chevaux». De petites buttes couvertes d'*Arthratherum pungens*, cette Graminée essentiellement arénicole, nous présentent à leur pied quelques autres espèces des sables sahariens : *Ifloga spicata*, *Nolletia chrysocomoides*, *Senecio coronopifolius* et *Festuca Memphitica*.

Le plateau ne tarde pas à reprendre sa nature rocheuse et nous voyons réapparaître l'*Astragalus Kralikianus* avec l'*Helianthemum Tunetanum* et le beau *Teucrium Alopecuros*. Le *Stipa tenacissima* (Halfa) succède à l'*Arthratherum pungens* (Drin). Après une halte d'un instant au bord du plateau, nous descendons par un ravin assez ardu pour que tout le monde mette pied à terre jusqu'à l'étage inférieur où le *Cardopatium amethystinum* commence à fleurir. Dans la direction du sud, le plateau lui-même s'échancre et nous entrons dans une coupure aux bords garnis de rochers et profondément découpés par des ravines latérales. La pente est fort douce et, grâce à quelques murs de soutènement, on y a retenu assez de terre pour y planter de beaux Dattiers au tronc élancé, des Figuiers et surtout d'énormes Oliviers maintenant en pleine floraison. Nous saluons l'Oued Ghomrasen.

A mesure que nous avançons, le thalweg s'élargit et le nombre des jardins augmente. Bientôt apparaît, à la pointe d'un plateau triangulaire aux flancs déchiquetés, la coupole blanche de la mosquée de Sidi-Arfa, l'ancêtre religieux de la tribu. Sur les deux flancs du saillant aigu dominé par le saint édifice, de même que sur les côtés opposés des deux ravins qui le bordent, sont bâties de nombreuses habitations en pierres renfermant une cour dont le pied de l'escarpement forme le quatrième côté. On voit sur la pente abrupte des ouvertures noires, portes ou fenêtres de maisons souterraines aujourd'hui abandonnées à la suite d'éboulements dus au peu de cohésion de la roche.

Au-dessous du plateau et des maisons adossées à ses flancs, est bâti un second rang d'habitations et sur le plan inférieur s'élève un

[1] Djenoun, pluriel arabe de Djinn, «démon, esprit malfaisant».

beau marabout éblouissant de blancheur, près duquel nous allons camper dans un jardin à l'ombre des Oliviers.

La population de cette capitale (Beled-Kebira) des Ghomrasen est ordinairement considérable, mais, à cette époque de l'année, tous les gens valides sont descendus dans la plaine avec les troupeaux; le village est presque désert et nous ne voyons près de nos tentes que de vieilles femmes laides, des juifs et quelques indigènes chargés de l'irrigation des jardins, qu'ils pratiquent comme au Mzab.

Cette vallée, curieuse par les mœurs de la population berbère qui l'habite, est, au point de vue botanique, d'une pauvreté qu'il faut attribuer sans doute d'une part aux cultures qui en occupent tout le fond, et de l'autre à la nature de la roche qui en forme les bords et qui se désagrège avec la plus grande facilité. Sur ses flancs effrités nous n'apercevons que quelques buissons de Câprier (*Capparis spinosa* var. *Fontanesii*) et de longues touffes de *Galium petrœum* qui pendent comme des chevelures. Au pied pousse le *Forskalea tenacissima* que je vois pour la première fois dans le Sud tunisien. Dans la zone des vergers et des champs, je ne citerai que : *Notoceras Canariense*, *Erodium guttatum*, *E. malachoides*, *Heliotropium undulatum* et *Teucrium Alopecuros*.

Le lendemain, au moment du départ, tout notre monde est en émoi; le mulet de mon préparateur M. Lecouffe s'est enfui et reprend sa piste de la veille. Je pars en avant sans l'attendre et descends pendant six kilomètres environ l'Oued Ghomrasen qui s'élargit en abaissant les escarpements de ses bords. Nous prenons ensuite à gauche et, après avoir franchi un col peu élevé, nous abordons diagonalement une série de mamelons légèrement ondulés qui s'effacent peu à peu et nous conduisent presque insensiblement à la plaine. Une tour carrée à tons rougeâtres nous sert d'objectif. Après avoir traversé un terrain affreusement plat et stérile, nous campons vers neuf heures du matin à cent mètres du puits qui a pris de la tour voisine le nom de *puits rouge* (Bir El-Ahmar). Le bordj a été bâti par les Ghomrasen pour la garde de l'eau et pour la défense du pays contre les nombreux ghazzous tentés dans l'Aradh par les gens de la Tripolitaine ou par les brigands de la frontière [1]. Le rez-de-chaussée est divisé en compartiments voûtés et surmontés d'une terrasse à laquelle on arrive par un escalier aux marches inégales.

(1) Trois jours après notre passage, un djich d'insurgés surprenait les Ghomrasen au bordj même du Bir El-Ahmar et ghazziait leur troupeau après leur avoir tué ou blessé plusieurs hommes.

La chaleur est déjà intense : aussi la végétation de la plaine est brûlée en partie et forme ce que l'un de nos collègues a appelé pittoresquement *le paillasson.* Les alentours du puits donnent un spécimen à peu près complet de la florule de l'Aradh sur laquelle nous ne reviendrons pas. Nous citerons seulement, en dehors de la plèbe vulgaire, les *Malva Ægyptia*, *Plantago ovata*, *Dianthus serrulatus*, sans doute descendu de la montagne.

Le 5 mai, nous laissons les cavaliers à Bir El-Ahmar et revenons à Kçar-el-Metameur avec les bagages.

Le 6 mai, la matinée est consacrée à l'exploration du Djebel Tadjera, petit massif situé au nord du Kçar et dont la croupe principale (280 mètres) porte un télégraphe optique. Une herborisation assez complète des flancs et du plateau de ce djebel minuscule nous fait trouver, parmi un gros lot d'espèces déjà plusieurs fois signalées : *Amberboa crupinoides*, *Notochlæna Vellæ*, *Kentrophyllum lanatum*, *Trigonella stellata*, *Erodium arborescens*, *Plantago amplexicaulis*, *Asphodelus viscidulus* et le rare *Digitaria commutata.* Presque toutes les touffes de *Lygeum Spartum* sont habitées par l'*Apteranthes Gussoniana*, qui n'est pas très rare non plus dans la plaine, au dire des indigènes qui le mangent.

Le lendemain, 7, le capitaine Rébillet, qui est revenu dans la nuit d'une course à l'Oued Neçi, à la recherche d'un déserteur, me remet un petit paquet de plantes recueillies à mon intention et qui prouve que la végétation de l'Aradh est uniforme jusque vers la frontière de la Tripolitaine.

Dans l'après-midi, nous allons, dans la direction du nord, visiter à Kçar Koutin des ruines romaines remaniées par les Byzantins et les Berbères. La plus intéressante est un tombeau à deux étages. Nous ne trouvons sur la route que la végétation banale de l'Aradh. Les seules plantes à noter sont le *Thymus capitatus*, tout à fait imprévu dans le Sud, et le *Trigonella anguina*, qui croît sur les berges de l'Oued Mezessar.

Cette course est la dernière que nous ferons pendant notre séjour à Kçar-el-Metameur.

Le 8 mai, nous prenons la route de Sidi-Salem-bou-Guerara avec une escorte et nous marchons dans la direction du nord-est en traversant des terrains légèrement ondulés avec quelques buissons dans les fonds. Le *Rhanterium*, l'*Anarrhinum brevifolium*, le *Linaria fruticosa*, le *Thymelæa microphylla* et l'*Atractylis flava* sont les espèces dominantes et constituent souvent toute la végétation. Nous rencontrons à 16 kilomètres environ une cassure du plateau occupée par le grand ghedir de Ras-el-Aïn, assez prolongé pour simuler le lit d'une véritable rivière, encadré au milieu des Roseaux, des Joncs (*Juncus maritimus*) et des Cypéracées (*Scirpus Holoschœnus*, *Cyperus junciformis*), et bordé de buissons de *Lycium Mediterraneum* et de *Nitraria tridentata*. Ses eaux claires ne donnent cependant asile à aucun Mollusque, n'attirent aucun oiseau et nos chasseurs déçus s'éloignent sans y avoir brûlé une amorce (1).

Vient ensuite une plaine interminable et ennuyeuse à laquelle succède une sebkha desséchée, encombrée de Salsolacées rougeâtres, de *Limoniastrum* et de *Statice pruinosa*. Au delà, le terrain se relève un peu en se ravinant et se termine près de la mer par des falaises d'un gris jaunâtre toutes pailletées de cristaux de gypse. Entre leur pied et le golfe inexploré (2) de Djerba, sur la grève, quelques sources sont cachées au fond d'excavations peu profondes. C'est là que nous plantons notre tente.

L'après-midi est employé à l'exploration des environs; au-dessus des falaises, une immense étendue de terrain est couverte de vastes ruines récemment explorées par MM. Babelon et Reinach, dont les recherches ont confirmé les travaux de M. Guérin et établi d'une manière irréfragable l'identité de Sidi-Salem-bou-Guerara avec l'ancienne Gighthis. Tout le plateau est occupé par les trois espèces de *Deverra* déjà signalées; la variété *virgata* du *D. tortuosa* y est surtout abondante. Le long des falaises mêmes, nous récoltons l'*Astragalus tenuifolius*, une variété à feuilles charnues du *Moricandia arvensis*, les *Erucaria Ægiceras*, *Ammosperma teretifolium*, *A. cinereum*, *Astragalus Kralikianus*, *A. peregrinus*, *Zollikoferia quercifolia* et *Lithospermum callosum*.

Le long de la grève qui, vers le sud, s'élargit et aboutit à une vaste sebkha, croissent en nombre de grandes Salsolacées auxquelles se mêlent le *Statice delicatula* et un autre *Statice*, probablement nouveau, voisin du *S. gummifera*. La souche de cette dernière plante se divise en rameaux nombreux disposés en corbeille et terminés par des rosettes élégantes de feuilles imbriquées comme celles des *Sempervivum*. Çà et là des buissons de *Nitraria tridentata* couverts de fleurs et, près

(1) Le Ras-el-Aïn sert souvent aux maraudeurs d'aiguade et de poste d'embuscade. Le lendemain de notre passage, une troupe de dix brigands de la frontière s'y était installée; la cavalerie de la compagnie mixte fut prévenue trop tard et, lorsqu'elle arriva, l'ennemi avait déjà décampé.

(2) C'est le nom sous lequel ce golfe est désigné sur les cartes marines.

des sources, de grosses touffes de *Phragmites Isiaca* et d'*Inula crithmoides*; sur le sable s'étalent comme un tapis diamanté les *Mesembryanthemum crystallinum* et *nodiflorum*.

Vers le soir le ciel se couvre et la pluie qui commence nous force à la retraite.

La journée du 9 s'annonce mal : le temps est froid et triste, le ciel blafard. Nous suivons d'abord sur la grève le pied des falaises qui s'abaissent et finissent par disparaître pendant que la côte se recourbe vers l'est. Nous marchons alors droit au nord à travers une plaine uniforme aux rares buissons. La pluie reprend avec violence et nous force à nous embosser dans nos burnous et sous nos couvertures. Elle cesse cependant lorsque nous approchons du Ras-el-Djerf et nous gagnons le rivage au point où l'on s'embarque vis-à-vis du port d'Adjim. Nous retrouvons ici la falaise gypseuse déchirée par de profonds ravinements; quelques tentes arabes se dressent sur le plateau au milieu de maigres moissons. La mer est atroce et de l'île on n'entend pas nos feux de peloton. Nous nous décidons à abattre notre tente que nous avions établie sur le rivage et nous l'installons au sommet de la falaise en la surmontant d'un signal. Heureuse inspiration, car d'un côté la marée des Syrtes, que nous n'avions pas prévue, vient envahir la place même où nous étions d'abord campés et de l'autre les gens d'Adjim finissent par apercevoir le signal et mettent une barque à la mer. En les attendant nous déjeunons et je vais explorer les environs, sans grand succès d'ailleurs, car je n'y trouve guère à noter, en dehors des plantes vulgaires de la région, que l'*Euphorbia calyptrata* et une variété à capitules virescents de l'*Helichrysum decumbens*.

L'arrivée de la mahonne interrompt mes recherches. Nous prenons congé de notre escorte et nous embarquons précipitamment. Le boghaz (détroit) n'est pas large, mais nous avons contre nous le flot et le vent et il nous faut plus d'une heure pour gagner le rivage où le fils du maître du port, Si-Garfalla, nous reçoit et nous conduit chez lui. Après un dîner improvisé nous allons à la ville (Houmt-Adjim) faire quelques provisions. Les maisons sont propres et blanches, les vergers nombreux et bien tenus, les fruits abondants. Nous remarquons une mosquée ibadite [1].

La nuit nous ramène à la Direction du port où le cheikh vient

[1] Une grande partie de la population berbère de Djerba appartient, comme les Mozabites d'Algérie, à la secte schismatique des Ibadites.

nous faire ses compliments et nous offre des oranges avec un luxe de politesse qui malheureusement n'est pas désintéressé.

En effet le lendemain matin il a grand soin de nous installer à bord d'une de ses barques et de se faire payer pour la traversée jusqu'à Zarzis la somme fantastique de trente francs, le double au moins du prix ordinaire. Ali-ben-Garfalla, qui s'était chargé de nous procurer un bateau, n'est pas content, mais il craint le cheikh et n'ose pas protester.

L'embarquement se fait en quelques minutes; nous longeons la côte occidentale de Djerba et filons rapidement jusqu'à Bordj Tabella. Il faut ensuite remonter au nord en louvoyant et suivre plus tard un chenal étroit où notre barque s'engrave à chaque instant. Nous craignons même qu'il ne faille attendre le retour de la marée. Nous réussissons cependant à atteindre le bordj Kastin où le chenal s'élargit et, après avoir traversé un vaste champ d'algues d'un vert pomme, nous gagnons enfin une mer plus libre. A deux heures, nous commençons à longer la côte sur laquelle apparaissent des Palmiers dominés par un plateau couronné d'Oliviers. A mesure que nous avançons, les vergers deviennent plus denses, des koubbas blanches émergent dans la verdure un peu métallique des Dattiers. Le plateau s'abaisse graduellement, à l'oasis succède une grève au bout de laquelle apparaît une maison à étage, le Bordj-el-Mersa près duquel se balancent les mâts de nombreuses mahonnes. Faute de jetée, nous débarquons sur le dos de nos marins et sommes reçus par l'adjudant chargé du service de la poste et du télégraphe, M. Ecarnot, qui nous emmène aussitôt au village de Zarzis, à un kilomètre du port. Le gouverneur de l'Aradh, Sid-Allegro, avec son amabilité ordinaire, avait mis sa maison à notre disposition, mais la clef était chez M. Carleton, agent de la commission financière, et M. Carleton était à Sfax avec la clef de son propre logis! Nous sommes donc fort heureux d'installer notre tente dans la cour du vieux fort, bâti par Ali-Bey, très pittoresque mais très inoffensif avec ses fossés, son pont-levis, sa porte bardée de fer et ses treize canons rongés par la rouille sur leurs affûts détraqués. Nous acceptons avec reconnaissance la cordiale hospitalité que nous offrent l'adjudant et ses adjoints.

§ 3. — ZARZIS ET LA SEBKHA MELLAHA.

Zarzis, grande oasis méridionale de l'Aradh, au fond de la Syrte, avait inspiré, au point de vue botanique, les plus grandes espérances à notre président, qui m'avait recommandé de l'explorer avec soin. Aussi, du 10 au 16 mai, n'avons-nous cessé d'y faire de nombreuses excursions dans tous les sens et d'en scruter scrupuleusement les vergers et les ravins. La réalité malheureusement n'a pas répondu aux espérances : la flore de Zarzis a un caractère essentiellement méditerranéen et, sauf quelques rares plantes orientales, ne présente qu'un médiocre intérêt.

Les sables du rivage ne nous offrent que les espèces ordinaires des grèves de l'Algérie et des côtes françaises de l'Océan :

Cakile maritima Scop.
Frankenia pulverulenta L.
Medicago littoralis Rhod.
M. marina L.
Polycarpon alsinefolium DC.
Convolvulus Soldanella L.
Echium maritimum Willd.
Polygonum maritimum L.
Pancratium maritimum L.
Cyperus schœnoides Griseb.
Polypogon maritimus Willd.
Festuca maritima L.
Triticum junceum L.

Les vases à l'ouest du port sont couvertes d'une Salsolacée, l'*Halostachys perfoliata* Moq.-Tand.

La végétation du plateau offre également un caractère septentrional, accusé par la liste suivante :

Nigella arvensis L.
Sisymbrium Irio L.
Silene inflata Sm.
Linum strictum L.
Vicia angustifolia L.
Bupleurum semicompositum L.
Torilis nodosa Gærtn.
Chrysanthemum coronarium L.
Calendula arvensis L.
Atractylis cancellata L.
Echinops spinosus L.
Sonchus tenerrimus L.
Coris Monspeliensis L.
Anagallis arvensis L.
Erythræa pulchella Horn.
Lithospermum arvense L.
Marrubium vulgare L.
Ajuga Iva L.
Globularia Alypum L.
Plantago Coronopus L.
P. Lagopus L.
Ornithogalum Narbonense L.
Scilla maritima L.
Asphodelus microcarpus Viv.
Juncus bufonius L.
Hordeum murinum L.

Et, fait signalé déjà pour plusieurs oasis, la vulgarité des espèces est loin d'être compensée par leur nombre qui, d'après nos notes, n'arrive qu'au chiffre de 220, dans lequel ne figure ni un *Sedum*, ni une Rutacée. Les ravins ne nous y ont fourni ni *Tamarix*, ni *Rhus*, ni même le *Nerium Oleander*.

Cependant l'influence orientale ou saharienne n'y est pas absolument nulle, et s'y manifeste par l'apparition de quelques types qui méritent d'être signalés, d'abord le *Festuca Rohlfsiana*, nouveau pour la Tunisie, puis le *Silene succulenta*, l'*Hypecoum Geslini*, le *Filago Mareotica*, le *Centaurea dimorpha*, dont une forme gigantesque s'élève au niveau des buissons de Jujubier, le *Chloris villosa*, l'*Astragalus peregrinus*, le *Deverra tortuosa* et le *Centaurea contracta*.

En dehors de ces plantes, il ne nous reste à citer que le *Linaria aparinoides*, le *Lœflingia Hispanica*, l'*Asphodelus tenuifolius*, le *Beta macrocarpa*, l'*Anethum graveolens*, les *Plantago ovata* et *amplexicaulis*, enfin le *Silene ambigua*, pour épuiser la nomenclature de tout ce qui vaut la peine d'être indiqué.

En revanche, Zarzis, abstraction faite du point de vue botanique, est une oasis fort intéressante; elle occupe dans la petite Syrte une situation des plus importantes et couvre de ses cultures un vaste espace à partir de la grève plate de son port jusqu'à huit kilomètres plus au nord.

Les Dattiers sont plantés surtout dans les parties basses, au sud du port et le long de la mer, entre la grève et le plateau qui s'étend graduellement du sud au nord, entaillé par des ravins profonds où des barrages retiennent les terres. Des Oliviers croissent dans ces bas-fonds et forment sur le plateau de grands vergers où l'on cultive aussi les céréales. C'est dans la zone basse que sont disséminés les divers villages : Zarzis, la Zaouïa, Moënza, etc. Les Dattiers des variétés appelées *Ammi*, *Agueïoua*, *Remti* et *Rethob* sont les seuls dont on mange les fruits, les autres sont innomés et leurs dattes sont employées exclusivement à la nourriture des bestiaux. En revanche, les Oliviers et les Figuiers constituent une véritable richesse pour l'oasis, et les habitants en tirent un grand revenu. Ils ont aussi des Grenadiers et j'y ai aperçu un Caroubier. Il n'y a pas d'autres arbres fruitiers, et les abricots que nous y avons mangés provenaient de Djerba. Les cultures maraîchères, qui sont les mêmes que celles de toute la région, sont irriguées au moyen de puits, dont la profondeur varie de 8 à 25 mètres, et à l'aide des appareils usités dans tout le Sahara.

Zarzis possède une maison européenne à un étage et un certain nombre de constructions mauresques; toutes les autres habitations consistent en une série de chambres cintrées, encadrant quelquefois une longue salle à terrasse plate. Les koubbas abondent et sont presque toutes flanquées d'une citerne que recouvre une terrasse presque à fleur de sol. On rencontre çà et là des fabriques d'huile établies dans un bâtiment demi-cylindrique, dont la voûte plonge sous le sol à angle aigu. Une cheminée verticale, protégée par une sorte de capuchon de pierre, porte seule dans ce réduit souterrain l'air et la lumière.

Les champs sont entourés le plus souvent par des talus en terre garnis de touffes d'Aloès (*Aloe vera* L.); mais le long des chemins, dans l'intérieur de l'oasis, règne fréquemment le mur berbère, dont nous avons déjà parlé, avec ses deux rangées parallèles de pierres brutes enfoncées dans le sol. L'intervalle est ici ordinairement rempli de pierrailles ou de gravats.

Quoique les habitants possèdent dans les villages des maisons et des magasins, presque tous ont dans leurs jardins, sous les Palmiers, des cases, dont la carcasse en bois, revêtue de claies en tiges de sorgho, est entourée d'une enceinte de ces mêmes claies. Le sommet de cette cabane représente assez bien la carène et les flancs d'une barque renversée et rappelle, plus exactement que le gourbi arabe ou kabyle, la forme des *mapalia* décrits par Salluste.

Les gens de Zarzis sont en effet de vrais Berbères qui, bien que fixés au sol, cultivateurs de Palmiers et souvent pêcheurs de poissons ou d'éponges, ont conservé et gardent obstinément la coutume d'aller chaque année passer deux mois environ dans l'Aradh, sous la tente, pour procéder à la tonte des moutons et aux travaux de la moisson. Ils ont aussi, de même que leurs voisins de Djerba, la réputation de pirates.

Presque tous les hommes sont basanés, secs et nerveux et portent le costume généralement adopté dans l'Aradh : chechia rouge, chemise blanche, couverture de laine frangée couleur de bure et larges pantoufles jaunes (*belgha*). Les femmes sont presque toutes vêtues d'une *melafa* bleue, dont au besoin elles se voilent la face. Beaucoup sont mulâtresses et ont le front couvert de toutes petites tresses bien beurrées et luisantes. Toutes sont fortement tatouées et leurs jambes maigres sont trop souvent arquées.

La pêche des éponges se fait en hiver et au commencement du printemps. A l'époque où nous sommes, elle chôme complètement à Zarzis. On ne pêche point ici d'éponges fines, mais on y trouve diverses sortes de Spongiaires, entre autres une espèce un peu siliceuse en forme de gobelet, dont les spécimens, déracinés par les vagues de fond, jonchent au loin le rivage.

Les poissons sont fort abondants dans ces parages, mais comme les habitants sont actuellement dans la plaine, il est impossible de s'en procurer.

Nous ne voulions pas quitter le pays sans avoir visité les bords de la Sebkha Mellaha, qui s'étend assez loin dans le sud.

Nous traversons pour y arriver huit ou dix kilomètres de terrains nus souvent boursouflés par des efflorescences salines. Si la végétation spontanée est pauvre dans l'oasis, on peut dire que dans cette région elle est misérable. Nous y retrouvons cependant quelques rosettes du *Statice* déjà vu à Sidi-Salem-bou-Guerara et quelques touffes de *Festuca Rohlfsiana*. En dehors de ces deux nouveautés, je ne puis citer que le *Statice echioides*, le *Zygophyllum album*, l'*Echinopsilon muricatus*, l'*Arthrocnemum macrostachyum*, et constater sur ce point extrême la présence du *Rhanterium suaveolens*, qui doit s'étendre encore bien plus loin dans le sud-est. Sur les bords de la sebkha complètement desséchée, nous ne trouvons guère que les tiges rougeâtres d'un *Salicornia*.

Après nous être amusés à poursuivre et à capturer au fond de sa tanière le brillant *Megacephala Euphratica*, ce beau Coléoptère des sebkhas, nous reprenons le chemin de l'oasis, précédés par des troupes d'indigènes qui revenaient de l'Aradh, lorsque nous apercevons une gazelle qui suivait un troupeau de chèvres et de moutons et qui vient passer à une quarantaine de mètres. Je n'avais pas de fusil; mon collègue M. Lataste, qui l'avait aperçue trop tard, n'eut pas le temps de changer ses cartouches et la gracieuse bête put s'éloigner saine et sauve en bondissant.

Au moment où nous rentrions au village, nous fûmes arrêtés par une caravane qui nous précédait. Des cavaliers bistrés, leurs longs fusils sur le dos, précédaient de nombreux chameaux, qui marchaient gravement chargés de lourds tellis. Derrière eux, le troupeau, moutons tondus de frais et chèvres fauves aux poils rêches, dont les formes sveltes font penser aux gazelles, trottinait dans la poussière, pressé par des gamins à demi nus et mal lavés; puis venaient pêle-mêle les femmes et les enfants, les ânes élégants et les petites vaches portant de grands plats en bois et des vases à couscous, au-dessus desquels étaient juchées des grappes de poules. Deux vieilles femmes et quatre chiens, du type si connu en Algérie, aux oreilles pointues et à la grosse queue touffue, formaient l'arrière-garde. Nous assistions à la rentrée des vacances, le nomade redevenait beldi (citadin).

Cependant, Zarzis n'avait plus de secret pour nous et il fallait nous hâter de partir si nous ne voulions courir le risque d'arriver à Djerba après le départ du courrier de Tripoli.

Le 17 mai, nous prenons la mer et voguons rapidement, favorisés par une belle brise. Nous revoyons encore une fois la bande littorale des Palmiers piquée de taches blanches par les koubbas, le plateau couvert d'Oliviers et coupé de ravins aux flancs marneux, puis le rivage du continent s'éloigne et disparaît, tandis que nous commençons à distinguer à l'horizon le fort blanc de Kastin. Plus loin, Aghir est signalé par les mâts de ses mahonnes. Nous ne tardons pas à doubler le cap Touguernest et à nous trouver au milieu de barques aux voiles rouges et d'embarcations grecques qui pêchent les éponges. Laissant à notre gauche les marabouts de Sidi-Bekri, nous courons droit sur le cap Remel, au delà duquel apparaît la forteresse massive bâtie par les chrétiens que les indigènes appellent El-Kachetil (du mot espagnol Castillo) et qui, du côté de la mer, présente encore un front respectable. Nous allons débarquer, après une rapide traversée, au pied de la douane.

Nous nous hâtons de gagner le château qui, du côté de la terre, perd beaucoup de son prestige et allons troubler dans sa sieste le capitaine qui commande la garnison, un compatriote Breton, qui nous reçoit de la manière la plus aimable.

L'exploration de Djerba étant réservée à nos collègues de la mission, je me garde bien d'empiéter sur leur domaine et pendant notre séjour je ne m'occupe que de récolter des Mollusques et de rédiger un modeste vocabulaire du dialecte berbère de l'île.

Le 20 mai, il faut nous lever avant l'aube pour nous embarquer sur une mahonne et aller attendre à sept kilomètres en mer l'apparition de la *Ville-de-Bône* qui nous amenait, à midi, devant Gabès.

Malgré la houle, le débarquement se fait sans difficulté, à l'entrée de la rivière et nous pouvons, dans la maison hospitalière du colonel de La Roque, nous reposer un peu de nos fatigues, mettre en ordre nos récoltes et préparer une nouvelle exploration.

V

De Gabès à Debabcha (Nefzaoua).

Après quatre journées employées à ces diverses occupations, nous prenons le 25 mai la route du Nefzaoua. Nous dépassons la zone des oasis de Menzel, et traversons la plaine aride et monotone jusqu'à un large col pierreux, entre deux collines plates garnies de quelques buissons de *Zizyphus Lotus* et de *Nitraria tridentata*. Au delà de ce passage, situé à mi-chemin entre Gabès et El-Hamma, le sol se hérisse de petites buttes de terre blanchâtres couronnées de *Zizyphus Lotus* et de *Caly-*

cotome intermedia, au milieu desquelles apparaît sur la droite le puits nommé Bir Chenchou, entouré d'un mur. On y descend par une pente assez douce qui en permet l'accès aux troupeaux : aussi l'eau est-elle souillée d'ordures et a-t-elle contracté un goût de suint repoussant.

Pendant que l'on prépare le déjeuner, nous récoltons quelques plantes : *Neurada procumbens*, *Euphorbia cornuta*, *Filago Mareotica* et *Thymus capitatus.*

Nous reprenons notre route à travers la plaine que coupe bientôt une chaîne de hautes collines calcaires où courent des perdrix et où paît une troupe de gazelles qu'un coup de feu met en fuite. Sur les bords rocheux du sentier, nous recueillons le *Reseda Arabica* et le *Zollikoferia quercifolia* qui commencent à peine à fleurir. Nous ne tardons pas à découvrir au bas de la rampe occidentale de ce petit relèvement l'oasis d'El-Hamma des Beni-Zid, long îlot de Dattiers où se dessinent les deux villages de Debdaba et d'El-Kaçr. Nous allons camper auprès du premier, où réside le khalifa, qui doit à son titre de marabout et à son indomptable énergie une autorité incontestée.

Nos tentes une fois installées dans un jardin de Palmiers, où croît en abondance l'*Atriplex dimorphostegia*, un des fils du khalifa nous sert de guide et nous montre successivement les quatre sources thermales auxquelles l'oasis doit son nom. Chacune a son bassin, encadré de larges pierres taillées. Les deux principales sourdent à une température d'environ 45 degrés; au-dessus de chacune d'elles s'élève un bâtiment construit en majeure partie avec des débris romains et renfermant de petites chambres garnies de nattes sur lesquelles les baigneurs viennent faire leur sieste. Le fond de la source est encombré de grosses pierres taillées et une espèce rare de Chauves-souris s'accroche au plafond au milieu de la vapeur chaude.

L'oasis est assez vaste et l'on y a entrepris de nouvelles plantations dans la direction de la rivière qui coule à deux kilomètres environ vers le sud-ouest. Les dattes, soumises encore à l'influence du climat marin, sont très médiocres, meilleures cependant qu'à Gabès.

En nous dirigeant vers la rivière, nous remarquons les plantes suivantes :

Ammosperma cinereum Hook.
Trigonella stellata Forsk.
Astragalus corrugatus Bert. *var.* tenuirugis.
Hedysarum spinosissimum L.
Neurada procumbens L.
Filago Mareotica Del.
Centaurea furfuracea Coss. et DR.
Crepis senecioides Del.
Anchusa hispida Forsk.
Marrubium deserti De Noë.
Plantago ovata Forsk.
Euphorbia cornuta Pers.

Les bords de l'oued sont presque entièrement nus : à peine si l'on y remarque quelques touffes naines de Roseaux (*Arundo Phragmites*) et de Zeïta (*Limoniastrum Guyonianum?*).

Le lendemain matin, nous organisons une course au Djebel Aziza dont les sommets, nettement détachés, forment une chaîne qui se soude au Djebel Tebaga et court à peu près du nord-ouest au sud-est. Après avoir franchi l'Oued El-Hammam, nous abordons une plaine argileuse couverte de Salsolacées vulgaires, de *Limoniastrum* et de *Retama Rœtam*, et nous nous dirigeons vers la quatrième montagne de la chaîne qu'un col assez élevé et un ravin abrupt séparent de sa voisine du nord. Nous grimpons rapidement jusqu'au plateau rocheux qui la couronne et forme un plan incliné vers le sud-est. La pente est couverte d'*Helianthemum Tunetanum*, d'*H. virgatum* var. *ciliatum*, et le beau *Teucrium Alopecuros* qui fut découvert dans cette même localité, en 1854, par M. Kralik, y est assez fréquent. Le long des flancs et dans les fissures du plateau terminal poussent le *Periploca angustifolia*, l'*Ephedra fragilis*, le *Deverra scoparia*, le *Capparis spinosa* var. *Fontanesii*, le *Ruta bracteosa* et l'*Euphorbia Bivonœ*. Au milieu de l'ascension, nous sommes surpris par une averse violente qui nous force à nous réfugier dans une grotte rencontrée fort à point sur le flanc sud de la tranche rocheuse. La pluie passée, nous reprenons notre herborisation du plateau et, parvenus à la cime, nous descendons sur le col par une fissure presque impraticable où croissent le *Celsia laciniata*, le *Ferula Vesceritensis*, de belles touffes de *Moricandia suffruticosa*, quelques pieds de *Fumaria Numidica* et des rosettes d'*Umbilicus horizontalis*.

Pendant que mes compagnons fouillent les rochers et parviennent à capturer un gigantesque *Vipera Mauritanica*, je descends à grand' peine la pente ardue du ravin au nord de la montagne, qui présente quelques bonnes espèces :

Farsetia Ægyptiaca Turra.
Rapistrum bipinnatum Coss. et Kral.
Helianthemum sessiliflorum Pers. *var.* ellipticum.
Reseda lutea L. *var.* neglecta.
Erodium hirtum Willd.
E. arborescens Willd.
E. glaucophyllum Ait.
Hippocrepis bicontorta Lois.
Asteriscus pygmæus Coss. et DR.
Chlamydophora pubescens Coss. et DR.
Atractylis microcephala Coss. et DR.
Amberboa Lippii DC.
Zollikoferia angustifolia Coss. et DR.
Echium humile Desf.
Anarrhinum brevifolium Coss. et Kral.
Salvia Ægyptiaca L.
Ballota hirsuta Benth.
Rumex vesicarius L.
Aristida Adscensionis L.

Le retour s'effectue d'abord paisiblement, mais, après le passage de la rivière, l'orage se reforme; aux premières gouttes, notre troupe prend une allure effrénée, ma mule s'emporte et, après une série d'écarts et de sauts de mouton, finit par briser les sangles et me déposer sur le sable de la route.

Le 27 mai, notre escorte de chasseurs d'Afrique et les mulets du train nous abandonnent. Nous montons des ânes, de très modestes ânes, et nos bagages sont chargés sur des chameaux. Le khalifa nous accompagne pendant une heure jusqu'à la hauteur d'un haouch qu'il possède au bord du Chott El-Fedjedj et nous laisse sous la protection de son fils Si-Ammar. Nous ne tardons pas à quitter le sol argileux de la plaine basse, délayé par les pluies de la veille, pour couper le pied des collines pierreuses qui forment la base du Djebel Tebaga. Les Salsolacées font place aux buissons de *Zizyphus Lotus* et de *Periploca angustifolia*, l'*Arthratherum pungens* se montre dans le fond sablonneux de petits ravins avec le *Dœmia cordata*. Vers dix heures, nous faisons halte au bord de l'Oued Magroun dans une dépression rocheuse. L'eau y forme des flaques où pullulent des têtards de batraciens. L'*Ammosperma teretifolium* atteint là des dimensions gigantesques et se mêle à de belles touffes d'*Hedysarum carnosum*.

Notre déjeuner est subitement interrompu par une averse qui nous force à chercher le long des rochers un abri fort insuffisant. Lorsque le nuage s'est éloigné, le feu est éteint. Il faut boire notre café froid et nous remettre en marche grelottants et déconfits. La route continue à moitié chemin entre la montagne et la sebkha, au milieu de buissons nombreux et d'une végétation herbacée vraiment luxuriante : le *Linaria laxiflora* s'y montre partout avec les *Astragalus Kralikianus*, *tenuifolius*, *corrugatus* var. *tenuirugis* et *hamosus*, le *Muricaria prostrata*, l'*Arnebia decumbens* var. *macrocalyx*, le *Silene setacea*, le *Centaurea dimorpha*, l'*Arthratherum plumosum* var. *floccosum*, le *Danthonia Forskalei* et le *Sisymbrium coronopifolium* var. *ceratophyllum*. Malheureusement la pluie recommence et nous force à nous calfeutrer étroitement dans nos burnous ou sous nos manteaux.

Des chameaux aperçus au pied du Tebaga causent une fausse alerte à Si-Ammar qui va les reconnaître au galop. Enfin, au coucher du soleil, nous arrivons au campement de Fratis, au pied d'une longue colline, près de petites cavités sablonneuses que les derniers orages ont remplies d'eau, et pendant qu'on fait sauter un lièvre qu'un de nos cavaliers a pris vivant au gîte, je visite d'anciennes cultures toutes pleines d'*Allium Cupani* et de *Tribulus terrestris*. Remarqué dans la broussaille de belles touffes d'*Atriplex mollis*.

Le lendemain, 28 mai, le soleil brille et nous repartons pleins d'ardeur. Le relief du terrain s'accentue un peu et nous nous rapprochons du Tebaga; bientôt nous traversons des collines aux roches d'un brun noirâtre, comme brûlées, et nous franchissons des flaques d'eau saumâtre et amère qui proviennent de l'Aïn Oumm-el-Aousen ou Oumm-el-Ousen. Nous constatons encore sur ce point l'abondance de l'*Atriplex mollis* qui, avec le *Retama Rœtam*, constitue presque uniquement la végétation frutescente. Un peu plus loin, le chemin traverse une zone de sables où nous retrouvons naturellement le Drin (*Arthratherum pungens*), Graminée encore plus arénicole que saharienne. Nous y constatons le *Malcolmia Ægyptiaca*, le *Senecio coronopifolius*, le *Phelipæa lavandulacea*, l'*Asphodelus viscidulus* et le *Trisetum pumilum*. Poussés par la soif, nous ne tardons pas à atteindre Nebech-ed-Dib, où un bouquet de palmiers bas et touffus recouvre et cache un petit bassin rempli de conferves. C'est la station ordinaire des caravanes et des voyageurs isolés : aussi cette source est-elle fréquemment visitée par les maraudeurs et les *djich* des insurgés tunisiens. L'eau est d'ailleurs fort médiocre. Nous nous hâtons donc de déjeuner et de remonter sur nos ânes, avec le dessein de gagner Kebilli dans la même journée. Fol espoir! bientôt nous comprenons, à l'allure ralentie et morne de nos bêtes, que nous pourrons à grand'peine atteindre Limaguès (ou mieux El-Imaguès, dont le nom, d'après certains auteurs, ne serait qu'une corruption de celui des *Maxyes* que l'histoire ancienne place dans ces régions). Après un repos dans le lit desséché d'un oued où abondent l'*Arthratherum pungens* et le *Retama Rœtam*, nous montons avec une lenteur trop majestueuse une rampe interminable au sommet de laquelle nous apercevons de très loin les bâtiments ruinés d'une zaouïa, les cimes des palmiers et, sur la gauche, des taches verdâtres qui annoncent un marais et par conséquent la source qui a donné naissance à l'oasis. Au coucher du soleil, à pied et poussant nos ânes fourbus, nous arrivons enfin au sommet de la colline, au-dessus d'un large entonnoir où les eaux font bouillonner le sable. Elles s'échappent par des canaux encombrés de Joncs, de Roseaux et de *Sonchus maritimus*, et vont irriguer les vergers de la zaouïa, bien déchue aujourd'hui de son antique splendeur.

Nous citerons, parmi les plantes recueillies dans la dernière partie du trajet : *Erucaria Ægiceras*, *Reseda Arabica*, *Haplophyllum tubercula-*

tum, *Astragalus corrugatus* var. *tenuirugis*, *Anethum graveolens*, *Carduncellus eriocephalus*, *Kœlpinia linearis* et *Euphorbia cornuta.*

Nous signalerons l'abondance du *Rhanterium suaveolens* que nous retrouvons partout.

Le 29 mai, après notre course de la veille, la route de Limaguès à Kebilli n'est guère qu'une promenade. Nous piquons d'abord au sud à travers une plaine monotone qui ne nous présente à noter que l'extrême fréquence de l'*Helianthemum Tunetanum* et qui se termine au pied d'une chaîne de collines formée par le dédoublement du Djebel Tebaga, dont la branche méridionale prend le nom de Djebel Nefzaoua. Un col très court nous conduit au bassin sec et pierreux qui sépare les deux chaînes. Nous y sommes accostés par le potentat du Nefzaoua, le Kiaya Ahmed-bel-Hammadi, ancien chaouch du Bey et protégé du Bardo, qui tient le Nefzaoua courbé sous sa dure autorité. Après les compliments d'usage, nous nous engageons dans une gorge étroite et longue. Ce défilé est dominé par des collines arides et coiffées uniformément d'une bande rocheuse formant un plateau légèrement incliné. Au sortir de la gorge s'étend un terrain sablonneux semé de petits monticules de terre blanchâtre et dont la végétation se compose surtout de *Zeïta*, de Salsolacées ligneuses, de *Retama Rœtam* et de l'*Arthratherum pungens* qui prend ici le nom de Çiboth ou de Çibodh[1]. Sur toute la ligne d'horizon se montrent de nombreuses taches obscures : ce sont des oasis et, à mesure que nous avançons vers le sud, on voit se détacher de la masse la silhouette des plus hauts Palmiers.

En arrivant en face de Kebilli, nous remarquons quelques champs cultivés au pied d'un mamelon que couronne un bâtiment carré à fenêtres grillagées, le Bordj Djedid que le Kiaya achève de faire bâtir et dans lequel il nous installe.

On ne tarde pas à nous servir une diffa irréprochable avec abondance de *lagmi* (vin de Dattier).

La rapidité de notre marche, depuis notre rencontre avec le Kiaya, ne nous avait permis de faire aucune récolte. Après le repas, nous nous empressons de diriger notre exploration au nord : c'est du reste de ce côté que jaillissent les sources qui, par leur réunion, forment un ruisseau et servent, en se répandant dans de nombreux canaux, à l'irrigation de l'oasis[2].

(1) صبيض, صبيط. Ce nom a une étrange analogie avec celui de Cibada, Civada, Cevada, qui sert à désigner l'avoine en espagnol et dans nos patois méridionaux.

(2) Ces sources sont de deux natures : les unes surgissent au fond d'une sorte d'en-

IMPRIMERIE NATIONALE.

Pendant cette promenade, nous recueillons dans les champs nouvellement défrichés au pied du Bordj Djedid le *Malcolmia Africana* (Chartam ou Chartem), le *Zygophyllum cornutum*, l'*Atriplex dimorphostegia*, et l'*Euphorbia Guyoniana*.

J'avais formé le projet de visiter la chaîne du Nefzaoua que je m'apprêtais à escalader la veille, lors de l'arrivée du Kiaya. Nous retraversons donc le 30 mai la zone sablonneuse bosselée de petits monticules et nous prenons un défilé à l'est de la passe que nous avions franchie. Nous visitons successivement deux collines surmontées de leur tranche inclinée de calcaires nummulitiques. Le plateau et ses flancs sont également arides; l'*Helianthemum Tunetanum* seul y pullule. Dans les fissures de la roche brunâtre et sonore poussent des touffes rares des *Celsia laciniata*, *Capparis spinosa* var. *coriacea*, *Globularia Alypum* avec quelques pieds de *Reseda Alphonsi*. Dans le défilé, nous voyons : *Helianthemum Cahiricum*, *Erodium hirtum*, *Pyrethrum fuscatum*, *Moricandia suffruticosa* et *Evax argyrolepis* Lange ?.

Dans l'après-midi, visite à l'oasis en passant par les jardins du Kiaya, bordés de Rosiers aux feuilles rouillées par une Urédinée. Un grand Mûrier (*Morus nigra*) se dresse isolément au milieu des carrés envahis par le *Lepturus filiformis*. Nous traversons des vergers où, à l'ombre des Dattiers, des Figuiers et des Abricotiers, poussent, sur le bord des rigoles, un beau Glaïeul (*Gladiolus Byzantinus*), des pariétaires, le *Datura Stramonium* qui prend ici le nom de *Sikran* (l'enivrant), réservé en Algérie aux Jusquiames, et de jeunes pieds de *Xanthium antiquorum*. Un terrain bas et inculte est complètement envahi par deux grands *Statice*, le *S. delicatula* et l'espèce déjà signalée dont les hautes tiges sont encore dépourvues de fleurs.

Nous atteignons enfin, après maints détours, le village de Kebilli entouré d'un fossé peu profond, aux eaux sales et infectes, et défendu par un mur en terre de piètre apparence. Les maisons d'habitation

tonnoir à trois ou quatre mètres au-dessous du sol et arrivent de bas en haut en faisant tourbillonner le sable : ce sont de véritables puits artésiens, probablement naturels. Lorsqu'on y jette une grosse pierre, elle descend à une certaine profondeur et le mouvement du sable cesse de se produire jusqu'à ce qu'une colonne d'eau, violemment soulevée, débarrasse le canal encombré et s'étale en bouillonnant fortement au-dessus de la surface du bassin. Nous avons essayé d'attacher la pierre à une corde, mais cette corde était ou trop courte et s'échappait de nos mains, ou trop fragile et se brisait presque immédiatement. Les autres sources, qui se déversent au fond de la tranchée presque au même niveau que les premières, paraissent au contraire provenir de nappes beaucoup moins profondes, presque horizontales et qui semblent venir du nord ou du nord-ouest.

sont presque toutes bâties en pisé et en moellons disposés par assises entre lesquelles sont intercalés des troncs de palmier et quelquefois des pierres de taille romaines. Les terrasses sont formées par de semblables poutres chargées d'un lit d'argile. Les écuries, les magasins et les côtés des cours ont pour murailles des troncs de palmier refendus. La mosquée, d'une construction assez ancienne, est surmontée d'un minaret carré percé de meurtrières qui a été récemment reconstruit, sans doute à la suite de la rébellion qui amena le siège et la prise de Kebilli peu de temps avant le voyage de Guérin.

Le lendemain, 31 mai, nous quittions le Bordj Djedid pour continuer notre route vers le Chott El-Djerid. Nous traversons une nouvelle zone de terrain blanchâtre à petites buttes pour gagner l'oasis de Mansoura, et nous y faisons halte au bord d'un bassin d'où les eaux s'échappent par un canal bordé encore çà et là de pierres de taille antiques. Dans ce bassin, de même que dans les sources supérieures, le sable est remué par la force ascendante de l'eau qui sort d'un canal naturel souterrain d'une profondeur inconnue : des Roseaux croissent sur les bords, et de toutes parts frétillent des Barbeaux d'un jaune d'or et des troupes de *Chromis Nilotica*. Sur l'invitation du Cheikh, des jeunes gens ôtent leur gandoura, se jettent à l'eau et, à l'aide d'un long haïk, poussent devant eux les poissons qu'ils acculent à la berge. Le haïk est alors adroitement et brusquement relevé le long du bord et, si une partie de la troupe réussit à s'échapper, ce n'est qu'en laissant aux mains des pêcheurs de nombreux prisonniers dont une partie passe sans transition des eaux natales dans la poêle à frire.

Après le déjeuner, nous nous enfonçons dans des sentiers ravissants, au milieu de vergers verdoyants et fleuris, et passons, sans nous en apercevoir, de l'oasis de Mansoura dans celle de Rabta dont nous contournons le village. Au delà s'étend une plaine argileuse et salée bornée au nord par la chaîne abaissée du Nefzaoua et au sud par la rive plate du grand Chott, sur laquelle se détachent quelques relèvements couverts de Dattiers, dont le plus voisin est Tombar. Devant nous grandissent peu à peu les palmiers d'El-Goléa et nous arrivons d'assez bonne heure au village bâti entre l'oasis et le pied des collines. Nous campons au bord d'une tranchée qui va chercher l'eau près d'un col voisin de Menchia, village considérable dont les maisons et les Dattiers s'élèvent sur le versant nord de la chaîne. La source est alimentée par une nappe qui semble presque horizontale, et dans le bassin exigu nagent quelques petits poissons qui, à notre aspect, se réfugient dans des anfractuosités souterraines. Le col est traversé par d'autres tranchées profondes qui vont puiser, sans doute à la même nappe, les eaux qu'elles conduisent à Menchia. Cette promiscuité de prise d'eau soulève entre les habitants des deux villages d'interminables querelles.

A gauche du col se dresse un mamelon pierreux et aride que surmonte un signal trigonométrique, d'où la vue s'étend au nord jusqu'au delà du Chott El-Fedjedj et n'est arrêtée que par la longue muraille du Djebel Cherb. La tranche calcaire qui forme le sommet et qui s'abaisse comme un toit du nord-est au sud-ouest ne présente comme végétation que des tiges rabougries et mutilées de *Peganum Harmala*, de *Zygophyllum cornutum* et de *Reaumuria vermiculata*. Ce n'est qu'aux abords de notre campement et sur la lisière de l'oasis que se rencontrent quelques plantes annuelles : *Ammosperma cinereum*, *Malcolmia Africana*, *Koniga Libyca*, *Trigonella stellata*, *Neurada procumbens*, *Ifloga Fontanesii*, *Arnebia decumbens* var. *macrocalyx*, *Lippia nodiflora*, *Plantago ciliata*, *Dactyloctenium Ægyptiacum*.

1er juin. Nous partons tard, et après avoir longé au sud le pied des collines, nous franchissons un col coupé comme celui d'El-Goléa par de profondes tranchées, en partie souterraines, qui servent à l'alimentation de Bou-Abdallah, village du versant nord que nous traversons pour revenir au sud par un autre col. Nous poussons ensuite droit à l'ouest en laissant à notre droite une oasis, moins considérable que ses voisines. Les collines rocheuses qui formaient l'arête et comme l'ossature du Nefzaoua s'abaissent graduellement et finissent par disparaître en faisant place à un simple relief aplati, de quelques mètres de hauteur. Une nappe souterraine doit couler à une faible profondeur, car, outre les petits bassins marécageux qui se présentent le long de la route et dont l'un nourrit des poissons et des mollusques, on rencontre de nombreuses touffes de Dattiers non irrigués qui nous rappellent les *Djali* de l'Oued Mïa, près d'Ouargla; à leur ombre nous cueillons l'*Asphodelus viscidulus*, l'*Heliotropium undulatum* et le *Lotus pusillus*. Nous allons camper près de la pointe du Nefzaoua, entre les petits villages de Fetnasa et de Debabcha. Là nous ne trouvons plus de vrais jardins, mais des bouquets de Dattiers disséminés et entourés de leurs rejetons.

A deux pas de nos tentes, je découvre dans un fourré une mare pleine de *Chara* où vivent plusieurs espèces de Mollusques.

Le reste de la journée est consacré au repos, car nous devons partir dans la nuit pour affronter la traversée de la Sebkha.

VI

Le grand Chott et le Djerid.

La grande Sebkha ou Chott El-Djerid, qui porte aussi le nom de Sebkha Faraoun et que les Berbères appelaient *Tekamert*, a exercé la verve des poètes et l'imagination inventive des voyageurs arabes. Suivant El-Aïachi, on ne peut la traverser que par un sentier étroit comme un cheveu et coupant comme le tranchant d'une épée. D'après un autre, la nuit n'a point d'étoiles en cet endroit; elles se cachent derrière les montagnes; le vent y souffle à la fois de droite et de gauche avec une violence capable de vous rendre sourd. Tous sont d'accord pour déclarer qu'un seul pas en dehors de la route vous précipite dans un abîme de boue qui peut dévorer des caravanes et des armées entières sans qu'il en reste de traces.

Nos cavaliers et nos guides, désignés par le cheikh de Debabcha, ne croyaient heureusement ni au vent impétueux ni à l'étroitesse capillaire du chemin, mais l'existence de bourbiers insondables et de véritables *lises* en dehors des bandes de terrain solide que suivent les caravanes de temps immémorial ne saurait être mise en doute. Quant aux étoiles, elles brillaient au-dessus de la Sebkha, lorsque, à deux heures et demie du matin, à la lueur des falots, nous procédâmes aux préparatifs du départ.

Les bouquets de Palmiers ne tardent pas à devenir rares et à disparaître; puis c'est le tour des buissons et des grandes Salsolacées elles-mêmes; encore un instant et l'on n'aperçoit plus au bord de la route que quelques morceaux de bois et des ossements fichés dans le sol pour jalonner la piste. Nous avons passé insensiblement de la terre ferme au vrai Chott. Au moment où pointe à l'orient la lueur grise qui précède l'aurore, s'élèvent sans bruit devant nous, comme des spectres, des ombres dégingandées et confuses : nos fantômes sont des Flamants surpris par notre marche silencieuse et dont le vol se perd rapidement dans l'ombre encore opaque du couchant.

Le soleil se lève et éclaire devant nous l'immense et plate étendue de la Sebkha; le terrain est d'un gris blanchâtre, solide et mat : à peine si nous remarquons çà et là quelques blanches mouchetures de sel. Nous avançons lentement entre les deux lignes de pierres et d'ossements blanchis sur la voie étroite et battue. A sept heures nous faisons halte à Mençof ou Bir-en-Nouçf (le puits du milieu); une borne, plantée à la place où, d'après la tradition, existait jadis un puits, indique la moitié du chemin. Tout autour le sol est couvert des déjections noirâtres des bêtes de somme, mêlées de noyaux de dattes. La terre est humide, et au fond des larges empreintes laissées par la patte spongieuse des chameaux, le sel commence à former des efflorescences.

Après avoir attendu pendant près d'une heure l'apparition de la petite caravane attardée qui porte nos bagages, nous reprenons notre route monotone. A mesure que nous avançons, la cristallisation est plus apparente et les dépôts salins gagnent en étendue et en intensité : au loin, vers le sud-ouest, ils forment une nappe d'un éclat éblouissant. C'est bien là cette croûte resplendissante qu'El-Tedjani, dans sa *Rahla*, compare tantôt à une feuille d'argent laminé et tantôt à un tapis de camphre ou à une terrasse d'albâtre. Nous ne tardons pas à voir surgir à l'horizon un rang de collines, au pied desquelles s'étendent par intervalles les lignes sombres des oasis amplifiées par le mirage. Il semble qu'en moins de deux heures nous allons les atteindre, mais à mesure que nous marchons, la dimension de ces taches diminue et l'image semble fuir devant nous. Cependant la nature du sol change : le terrain perd sa teinte d'un gris blanchâtre, prend une nuance brune et se dépouille de toute incrustation saline. Sur l'argile glaiseuse nos bêtes glissent et patinent; la marche devient excessivement difficile, et notre fatigue s'accroît de notre impatience. Enfin nous pouvons discerner au loin les cimes des plus hauts Palmiers et, plus près de nous, la ligne des Salsolacées et du *Limoniastrum monopetalum* dessine le véritable bord de la Sebkha. Nous l'atteignons enfin vers onze heures du matin, entre les oasis de Sedada à droite et de Kriz à gauche. Nous nous engageons dans un terrain sablonneux couvert de petites buttes buissonneuses, qui monte du Chott aux collines calcaires, dernières vertèbres du Djebel Cherb, lorsqu'un mokhazni du qaïd se présente à nous et, après nous avoir fait contourner les derniers vergers et les dernières maisons du village de Kriz, nous conduit au bord du joli bassin de Sebã Biar (les sept puits), qui se creuse au pied d'un rocher calcaire pétri d'Oursins fossiles. Étendus à l'ombre des Palmiers qui l'ombragent, nous attendons pendant plusieurs heures nos bagages et leurs conducteurs, auxquels nous avons eu la fâcheuse imprudence de confier notre déjeuner.

Heureusement le temps des ânes et des chameaux est passé : un détachement du train de la compagnie mixte de Tozer, qui nous attendait à Kriz, vient nous rejoindre avec ses mulets, et une cruche de *lagmi* nous aide à supporter avec plus de patience le retard de notre convoi.

Vers cinq heures, je vais explorer les ravins des collines calcaires aux flancs pierreux et roux qui s'élèvent derrière notre tente, et j'y retrouve avec joie quelques plantes des Ziban mêlées à des espèces tunisiennes :

Farsetia Ægyptiaca Turra.
Cleome Arabica L.
Reseda Alphonsi Müll.
Fagonia Sinaica Boiss.
F. virens Coss.
Neurada procumbens L.
Sclerocephalus Arabicus Boiss.
Pteranthus echinatus Desf.
Pyrethrum fuscatum Willd.
Chlamydophora pubescens Coss. et DR.
Anarrhinum brevifolium Coss. et Kral.
Aristida Adscensionis L. *var.* pumila.
Arthratherum ciliatum Nees.
Chloris villosa Pers.

J'allais atteindre le fond du ravin lorsque je fus rappelé à grands cris pour recevoir le qaïd du canton, grand et bel homme, fort élégant, accompagné de son khodja, aussi distingué que lui, qui venaient me faire leurs compliments et m'inviter à recevoir chez eux l'hospitalité. J'aurais voulu les congédier immédiatement pour reprendre mon herborisation, mais les exigences de l'étiquette me retinrent jusqu'à l'heure où le coucher du soleil rendit toute recherche impossible.

3 juin. A 6 heures nous sommes en marche entre la chaîne des collines et une série d'oasis qui s'étendent jusqu'au bord de la grande Sebkha. Bientôt les carapaces rocheuses qui revêtent les mamelons en s'inclinant vers le sud-est disparaissent et la chaîne du Cherb fait place à un relèvement aplati que l'on nomme le Draâ du Djerid et qui constitue un isthme élargi entre le Chott El-Djerid, dont la surface est à environ 20 mètres au-dessus du niveau de la mer, et le Chott El-Gharsa, dont le bassin se creuse à 20 ou 28 mètres au-dessous.

Au bout de deux heures de marche, nous apercevons entre le Draâ et le Chott une longue forêt de Palmiers, au-dessus de laquelle apparaissent des murailles grises surmontées de quelques coupoles blanches, une tour et un édifice couronné d'une calotte de briques vertes vernissées et imbriquées comme des écailles. C'est la mosquée des Oulad Sidi-Abid. Au-dessus de la ville, le dos de la colline est presque nu et parsemé de blocs de sable agglutiné, restes de l'ancien terrain qui a été largement exploité comme carrière. Nous pénétrons dans la capitale du Djerid en poussant nos montures dans des rues sablonneuses bordées de nombreuses maisons : les plus belles sont bâties en briques cuites avec des ajours disposés au-dessus des portes et qui forment des encadrements et des dessins assez élégants; les autres, plus modestes, admettent dans leurs murailles la pierre, les blocs de sable et même le *tob* (briques crues séchées au soleil).

La place du marché est irrégulière et manque de caractère; un certain nombre de boutiques sont inoccupées, au centre quelques indigènes sont accroupis devant de petits tas de viande ou quelques pyramides de fruits. Du côté de l'oasis s'élève un édifice qui se distingue par ses fenêtres à balcons de fer en encorbellement, le Dar-el-Bey où est installé le bureau des renseignements et où l'on nous offre gracieusement l'hospitalité. La compagnie mixte, dont le commandant est M. du Couret, le fils du célèbre explorateur, campe tout près de là, sous la tente, les chevaux au piquet; les officiers sont logés dans une maison voisine décorée du nom beaucoup trop fastueux de kasba. Une cour sert de parc à un cerf (*Cervus Corsicanus*), capturé en plein Sahara, dans les environs de Douiret, nous dit-on.

4 juin. La journée est consacrée à l'exploration de l'oasis. La promenade est délicieuse au milieu de jardins où, parmi les Dattiers, croissent de nombreux arbres fruitiers et tous les légumes de la région. Nous y remarquons même quelques pieds de Meloukhia (*Corchorus olitorius*) qui nous rappellent l'Égypte et la Syrie : les Rosiers et le Fenouil n'y sont pas rares, non plus que le *Zizyphus Spina-Christi* : un de ces arbres, protégé par le voisinage d'une mosquée-zaouïa, atteint des dimensions vraiment gigantesques. L'eau circule partout, amenée par des rigoles qui s'embranchent sur des canaux dérivés eux-mêmes d'une artère centrale; celle-ci, bordée presque partout de pierres taillées, est traversée par des ponts dont quelques-uns remontent à une vénérable antiquité. Le partage des eaux s'opère au moyen de barrages et de troncs de palmiers entaillés d'encoches d'une dimension déterminée qui assurent à chaque canal son débit réglementaire. Quant aux rigoles (saguias) qu'alimentent ces canaux, elles sont ouvertes ou fermées pour chaque propriété pendant un nombre d'heures mesuré à la clepsydre. Tout ce système d'irrigation remonte évidemment aux temps reculés de l'antique Tisurus, qui fut une ville considérable et prospère, car, indépendamment des blocs sculptés et des fûts de colonnes encastrés dans les murs de diverses maisons, on trouve à l'intérieur de l'oasis le village de Belidet-el-Adher, dont le minaret repose sur des assises antiques, et les débris d'un édifice qui, suivant Guérin, a dû servir successivement de temple païen, d'église et de mosquée. Les dieux changent, mais les ruines survivent aux religions.

Après avoir assisté sur les bords du Chott à un tir à la cible, nous parcourons, le long du bord méridional de l'oasis, un terrain argilo-sableux qui a dû jadis faire partie du fond de la sebkha ou d'un marais saumâtre, car nous y recueillons, outre le *Melania tuberculata*, vulgaire partout, un *Melanopsis* subfossile à très grosses côtes (*Melanopsis Sevillensis*) et quelques valves d'une petite forme du *Cardium edule*.

Après avoir remonté les flancs du Draâ presque jusqu'à son sommet, nous voyons s'ouvrir devant nous les entonnoirs échancrés, de 15 à 20 mètres de profondeur, au fond desquels sourdent les nappes qui se réunissent pour former le ruisseau ou, comme le disent les indigènes, l'oued qui alimente la ville et irrigue l'oasis. L'eau sort d'une couche de sable fin et blanc qu'El Bekri compare à de la farine et qui paraît constituer une couche inclinée de 15 à 35 degrés au-dessous des argiles et des terrains arénacés et agglutinés formant la partie supérieure de l'isthme ou Draâ. Le fond des entonnoirs est garni de quelques touffes de Joncs et de *Typha angustifolia* et ombragé par des Palmiers qui semblent suspendus sur ses bords.

Les vents dominant dans l'oasis, surtout en cette saison, sont ceux de l'est à l'est-nord-est : ils désagrègent les couches supérieures, balaient le sable, l'accumulent sur le flanc oriental de la ville, et le précipitent dans les entonnoirs dont le fond se trouve ainsi encombré au grand préjudice du débit des sources. Il serait urgent que des mesures rationnelles fussent prises pour remédier à un état de choses qui, en s'aggravant, compromettrait l'existence même de l'oasis [1] de Tozer.

La population est laborieuse, les jardins sont assez bien cultivés et les tissus que l'on y fabrique fort renommés; en revanche la population féminine, vêtue de cotonnade bleue, est loin d'offrir le type élégant et distingué que nous avons admiré à Djara et à Menzel; aussi est-ce dans cette région privilégiée de Gabès que vont prendre femme les riches négociants du Djérid [2].

(1) Le service des forêts a été chargé d'étudier cette question vitale de l'ensablement, et un agent supérieur, connu par des travaux antérieurs dans des pays de dunes, désigné pour procéder aux études nécessaires. Les travaux de défense sont aujourd'hui en voie d'exécution.

(2) Il paraît que jadis les gens de Tozer passaient pour des voleurs incorrigibles, et le bon Moula Ahmed s'étonne que ces déprédations d'une race qui vole la nuit et escroque le jour n'aient pas attiré sur Tozer de catastrophes éclatantes; il faut bien, dit-il, que l'indulgence et la miséricorde de Dieu soient infinies! Il est probable que le pauvre homme y avait perdu une partie de sa garde-robe.

Les dattes de Tozer, surtout les *Deglet Nour*, sont appréciées dans le monde entier. Les beaux Palmiers produisent en moyenne une charge de chameau (environ 150 à 200 kilogrammes) et les meilleurs sujets se vendent jusqu'à 100 francs.

5 juin. Départ de bonne heure pour Nefta. La route est monotone : la surface du Draâ, dont nous suivons le côté gauche, est d'abord nue et ne présente plus loin qu'une végétation maigre où la Coloquinte, l'*Heliotropium undulatum* et le *Rhanterium suaveolens* jouent le rôle principal. On aperçoit de fort loin la longue pointe des vergers de l'oasis, mais on ne distingue la ville qu'au moment d'y arriver. Nous y entrons du côté de l'est en franchissant un amas de sable envahisseur et nous mettons pied à terre sur la place, à la porte du Dar-el-Bey, antique construction plus ruinée que celle de Tozer. Les deux amels (chefs administratifs) nous y attendent et font assaut de prévenances. Après avoir fêté convenablement la diffa et le lagmi, nous remontons à cheval pour visiter l'oasis que nous traversons dans sa plus grande étendue. Le système d'irrigation est le même qu'à Tozer : mais la pente est plus forte et nous admirons le long des canaux plusieurs chutes que l'industrie pourrait utiliser. Les vergers et jardins sont splendides et bien cultivés : aussi ne remarquons-nous que les plantes vulgaires, amies des talus et des fossés : *Inula crithmoides*, *Plantago major*, *Sonchus tenerrimus*, etc. Tout à coup l'oasis s'arrête brusquement au pied d'une grande dune qui nous rappelle le Souf et où nous recueillons quelques espèces spécialement arénicoles :

Malcolmia Africana R. Br.
Astragalus Gyzensis Del.
Polycarpæa fragilis Desf.
Neurada procumbens L.
Orlaya maritima Koch.
Senecio coronopifolius Desf.
Atractylis citrina Coss. et DR.
Zollikoferia resedifolia Coss.
Lithospermum callosum Vahl.
Scrofularia deserti Del.
Euphorbia Guyoniana Boiss. et Reut.
Cyperus conglomeratus Rottb.
Scirpus littoralis Schrad.
Arthratherum pungens P. B.
A. plumosum Nees.
Danthonia Forskalii Trin.

Au sortir de la dune nous descendons dans des bas-fonds où le trop-plein des irrigations forme une lagune ou *bahr* et quelques mares entourées de *Tamarix* malheureusement défleuris. Sur plusieurs points le sol est formé de sables mouvants et le cavalier qui nous guide et dont la monture s'enlise en une seconde jusqu'au ventre nous démontre *de visu* le danger que présentent les gouffres des sebkhas.

Rentrés dans l'oasis, nous traversons des jardins, ornés de beaux

Rosiers, où les tourterelles roucoulent dans les Dattiers et nous visitons à la lisière le village abandonné de Bou-Ali. Nos oreilles sont assourdies par le bruit enragé d'une musique composée presque uniquement de gros tambours; nous voyons déboucher devant nous et courir en cadence des files de gens qui portent sur leurs épaules d'énormes troncs de Palmier destinés à un travail d'utilité publique[1]. Nous grimpons la pente du Draâ et, après avoir longé tout un quartier de la ville, nous arrivons inopinément en face d'une immense excavation (Ras-el-Aïoun) au fond de laquelle s'épanouissent à près de vingt mètres en contre-bas les sources les plus considérables de l'oasis qui sourdent comme à Tozer d'un lit de sable fin encadré dans des argiles; des jardins de Dattiers bordent les ruisseaux qui en sortent pour former, au fond d'un ravin étroit, un oued qui coupe Nefta en deux parties inégales.

6 juin. Bien que les insectes nous aient respectés, nous avons mal dormi dans le Dar-el-Bey où la chute des plâtras et des poussières tombant du plafond nous a tenus en éveil presque toute la nuit; aussi sommes-nous en selle à la première réquisition de notre guide. Nous prenons cette fois le sommet du Draâ d'où nous pouvons apercevoir à l'ouest le Chott El-Gharsa, plus au nord les montagnes roses de l'Algérie et à l'est l'immense étendue du Chott El-Djerid, presque entièrement couvert d'une couche miroitante de sel. Un coup d'œil suffit pour constater la différence de niveau des deux sebkhas.

En approchant de Tozer nous remarquons l'abondance du *Cornulaca monacantha* et plus loin la prédominance du vulgaire *Peganum Harmala*.

Après midi, nouvelle promenade dans l'oasis de Tozer où, sauf une Malvacée qui nous paraît être le *Malva tomentella*, nous ne rencontrons que les plantes vulgaires du bord des eaux ou des décombres : *Parietaria diffusa*, *Sonchus maritimus*, *Apium graveolens*, *Inula viscosa*, *I. crithmoides*, *Malva parviflora*, *Statice delicatula*, *Chenopodium murale*, etc.

La journée du 7 est consacrée à l'exploration d'El-Hamma du Djerid, situé à la racine du Draâ, du côté de l'ouest. Comme dans les oasis que nous venons de visiter, les sources supérieures coulent au-dessous

(1) A. Djara, dans l'oasis de Gabès, les constructions et les réparations de barrages s'exécutent de même aux sons d'un orchestre endiablé. Les femmes y assistent dans leurs plus riches atours et excitent par leurs encouragements et par leurs *youyous* le zèle et l'adresse des jeunes hommes.

de sables terreux agglutinés et d'argiles, à environ 20 mètres de la crête : leur température est, comme à Tozer et Nefta, d'environ 28 degrés; mais plus bas, dans le lit même du ruisseau qui provient de ces sources, surgissent des eaux beaucoup plus chaudes, puisque leur température dépasse 40 et atteint même 45 degrés. Deux gourbis reçoivent les baigneurs; l'un d'eux est réservé aux *dames*. Ils sont sous la surveillance d'un *qaouadji* (cafetier) qui ne perçoit comme rétribution que le prix des tasses ingurgitées par ses pratiques. Plus bas la plèbe vile qui n'absorbe pas de café s'agite pêle-mêle dans le lit du ruisseau.

L'oasis est en décadence : au milieu des vergers on rencontre des vides marécageux envahis par les Joncs et le *Statice*, probablement nouveau, déjà plusieurs fois constaté par nous dans la région. M. le lieutenant de Fleurac, qui a eu l'obligeance de nous accompagner, nous conduit à l'un des trois villages de El-Hamma. Pendant que le chef du bureau des renseignements écoute les doléances de nos hôtes qui se plaignent de l'envahissement des sables et de la misère des temps, je procède à l'exploration botanique des abords du hammam. La crête du Draâ est complètement chauve et aride, mais à son pied le terrain argilo-sablonneux se couvre d'une abondante végétation et me fournit une liste intéressante :

Ammosperma cinereum Hook.
Malcolmia Ægyptiaca Spreng.
Farsetia Ægyptiaca Turra.
Koniga Arabica R. Br.
Reseda Arabica Boiss.
Silene Nicæensis L.
Argyrolobium uniflorum Jaub. et Sp.
Ononis longifolia Willd.
O. serrata Forsk.
Trigonella stellata Forsk.
Neurada procumbens L.
Polycarpæa fragilis Del.
Paronychia Cossoniana J. Gay.
Pteranthus echinatus Desf.
Nolletia chrysocomoides Cass.
Anthemis pedunculata Desf. *var.*
Pyrethrum trifurcatum Willd.
Ifloga spicata Schultz Bip.
Leyssera capillifolia DC.
Calendula stellata Cav. *var.* hymenocarpa.
Echinops spinosus L.
Atractylis citrina Coss. et DR.
Centaurea furfuracea Coss. et DR.
C. dimorpha Viv.
Onopordon ambiguum Fres.
Spitzelia radicata Coss. et Kral.
Zollikoferia resedifolia Coss.
Echium humile Desf.
Nonnea phaneranthera Viv.
Anchusa hispida Forsk.
Linaria laxiflora Desf.
Scrofularia deserti Del.
Salvia lanigera Poir.
Plantago ovata Forsk.
P. ciliata Desf.
Euphorbia Forskalei J. Gay.
Asphodelus pendulinus Coss. et DR.
Panicum turgidum Del.
Setaria ambigua Guss.
Stipa tortilis Desf.
Arthratherum ciliatum Nees.
A. plumosum Nees *var.* floccosum.
A. obtusum Nees.

Le dimanche, 8 juin, est consacré presque entièrement à l'établissement de notre itinéraire et aux préparatifs de départ; dans l'après-midi, je vais faire une promenade au nord-est de Tozer pour recueillir des Hélices dans le sable et j'en rapporte quelques plantes : *Carduncellus eriocephalus*, *Tanacetum cinereum*, *Lithospermum callosum*, *Deverra chlorantha*, *Rhanterium suaveolens* que l'on doit retrouver aussi du côté de la frontière algérienne, *Silene setacea* et *Astragalus Gyzensis.*

Le 9, nous faisons nos adieux au capitaine du Couret, au lieutenant de Fleurac et à tous les officiers à qui nous devons un si aimable accueil et nous reprenons la route de Kriz en traversant la tête des oasis qui forment le canton de El-Oudian. En passant près de Degach nous faisons une halte de quelques minutes pour recueillir le *Crozophora verbascifolia.* Nous arrivons de bonne heure à Sedada, le village le plus septentrional du Djerid, et, pendant que l'on prépare le déjeuner, je remonte une dépression sablonneuse qui mène au contrefort sur lequel s'élève la mosquée du cheikh Sid-Ahmed-bou-Hillal entourée de nombreux tombeaux. La tradition populaire place dans la montagne auprès de Sedada, qu'on appelle aussi le pays de *Dakious* (Décius?), une caverne où reposeraient les fabuleux Sept Dormants, mais personne parmi les habitants ne consent à m'y conduire.

Je citerai parmi les plantes que je rapporte de ma promenade :

Lonchophora Capiomontiana DR.
Reseda propinqua R. Br.
Oligomeris dispersa Müll. [1].
Silene setacea Viv.
Gymnarrhena micrantha Desf.
Asteriscus pygmæus Coss. et DR.
Ifloga spicata Schultz Bip.
Onopordon ambiguum Fres.
Carduus Arabicus Jacq.
Atriplex dimorphostegia Kar. et Kir.
Panicum Teneriffæ R. Br.
Andropogon laniger Desf.
Æluropus . . . . .

VII

Du Djerid à Gafsa.

Après Sedada nous coupons la plaine qui s'étend entre le Djebel Cherb et le bord du grand Chott et où croissent de nombreux buissons de *Retama Rætam.* Nous constatons l'abondance du *Pennisetum ciliare* et des *Arthratherum plumosum*, *ciliatum* et surtout *obtusum.* L'*Hedysarum carnosum* y forme de grosses touffes. Nous sommes partis en avant avec un cavalier qui nous avait déclaré à Sedada ne pas connaître l'Oued Metaleghmin où nous devons camper, et nous sommes forcés

[1] Nouveau pour la flore de la Tunisie.

de nous arrêter pour attendre un autre guide que le cheikh nous avait promis et qui devait nous rejoindre presque immédiatement. Plus d'une heure s'écoule et nous commençons à désespérer, lorsque nous voyons apparaître enfin notre convoi précédé par un petit vieillard noir, maigre et grisonnant, monté sur un âne minuscule et portant en travers de sa bête un fusil gigantesque. Nous pressons la marche pour réparer le temps perdu et échapper à un orage qui nous menace.

En route, une Gerbille se lève sous nos pas et met tout le monde en branle. Nous finissons par la capturer et nous arrivons assez tard à l'entrée d'une gorge étroite qui s'enfonce dans la montagne : c'est le lit à sec d'un torrent qui serpente au milieu de pentes à pic dénudées, marbrées de marnes jaunes et blanchâtres. Pendant que nos gens pénètrent dans le défilé, je mets pied à terre pour examiner un monument mégalithique formé d'un carré de pierres brutes qui renferme une enceinte circulaire avec d'autres pierres entassées en tumulus. Je suis heureux de retrouver là un type que j'ai déjà constaté avec mon savant ami Mac Carthy dans le Sersou et qui, pour nous, est absolument berbère. Tout autour je remarque de petites touffes grêles d'une graminée gazonnante : c'est un *Sporobolus* nouveau. Je m'empresse d'en ramasser quelques pieds, mais je suis interrompu par les larges gouttes de l'averse qui nous menaçait depuis le départ et par les appels redoublés de nos gens : il s'agit de déterminer sans retard le lieu du campement et de dresser les tentes pour échapper à ce déluge.

La pluie à peine passée, il faut s'occuper de la question de l'eau : le lit du torrent ne contient que du sable fin et ce n'est qu'à un kilomètre qu'on découvre, au fond d'une gorge transversale, barrée par un rocher, une cavité formant citerne. Pendant qu'on conduit les bêtes à cet abreuvoir naturel mais d'un accès dangereux, je retourne au campement en herborisant le long des parois bigarrées des collines où sont en fleurs :

Sisymbrium coronopifolium Desf. *var.*	Anchusa hispida Forsk.
Reseda Alphonsi Müll.	Celsia laciniata Poir.
R. Arabica Boiss.	Linaria laxiflora Desf.
R. stricta Pers.	Rumex vesicarius L.
Erodium glaucophyllum Willd.	Euphorbia cornuta Pers.
Medicago laciniata All.	E. glebulosa Coss. et DR.
Polycarpæa fragilis Del.	Asphodelus pendulinus Coss. et DR.
Aizoon Hispanicum L.	Pennisetum ciliare Link.
Pyrethrum fuscatum Willd.	Arthratherum ciliatum Nees.
Chlamydophora pubescens Coss. et DR.	A. obtusum Nees.
Zollikoferia quercifolia Coss. et Kral.	Andropogon laniger Desf.

Nous sommes ramenés au gîte par la reprise de l'orage et la journée se termine mélancoliquement à l'abri de la tente qui semble prête à s'abattre sous l'effort des averses et du vent.

Le lendemain, 10 juin, le ciel s'est éclairci et, laissant notre convoi charger les tentes alourdies par la pluie, nous partons en avant à travers la plaine avec une précipitation qui me fait oublier de prendre une provision de mon *Sporobolus* de la veille. Nous avons emporté le déjeuner et nous devons faire halte à Aïn Kebirita : après deux heures de marche monotone, au milieu d'une végétation assez abondante mais uniforme, notre guide nous ramène vers le pied de la montagne où nous pénétrons dans une gorge resserrée, le long de couches calcaires qui plongent à plus de quarante-cinq degrés. Au fond de ce couloir escarpé, un trou de rocher, ombragé par un groupe de Dattiers sauvages, contient une eau épaisse et brunâtre, où grouillent de jeunes crapauds et qui va former plus bas un petit marais allongé au milieu des Roseaux et des Joncs. Il est à l'unanimité reconnu qu'il est impossible d'utiliser pour notre usage un liquide aussi dégoûtant et aussi fétide, bien qu'il ne contienne pas de soufre (Kebrit), comme le nom de la fontaine semblerait l'indiquer. Je me hâte de recueillir les rares plantes que présente ce lieu sauvage et nauséabond : *Lepturus filiformis*, *Atriplex mollis*, *Forskalea tenacissima*, *Lippia nodiflora*, *Juncus multiflorus* et *Chara gymnophylla*. Nous rentrons dans la plaine où la végétation frutescente devient très abondante. Notre mauvaise humeur ne tarde pas à être dissipée par les incidents de la marche : lièvres et gerboises qui partent sous les pieds des chevaux, Scinques aux brillantes couleurs (*Scincus Aldrovandi*) dont nous interrompons les ébats amoureux et que leur fuite ne peut soustraire aux poursuites de mon compagnon M. Lataste; rencontre d'un douar des Oulad Yakoub du Nefzaoua, où nous achetons du lait et un mouton. Enfin, une longue ligne verte de Tamarix et de Roseaux, qui s'étend perpendiculairement du pied de la montagne vers le Chott, annonce l'approche d'Aïn Kebiriti.

Au-dessous d'une vaste zone d'éboulis qui forme à la base de la montagne un plan abrupt, hérissé de pierres grises et brunâtres, la source un peu saumâtre et légèrement thermale coule sur le sable et donne naissance à un petit ruisseau limpide qui va se perdre dans une traînée de verdure. Tout alentour, le sol efflorescent et boursouflé est revêtu de la végétation glauque des terrains salés et est littéralement encombré de *Deverra chlorantha*. Son congénère, le *D. scoparia*, pousse dans les interstices des éboulis avec l'*Anthyllis tragacanthoides*, le *Psoralea bituminosa*, quelques touffes de *Capparis spinosa* var. *Fontanesii* et l'*Andropogon laniger*.

Pendant le déjeuner, le convoi nous a rejoints, le mouton a été égorgé et dépecé et nous reprenons tous ensemble notre route. Jusqu'ici nous avons suivi une plaine large et plate comprise entre le Chott El-Fedjedj, prolongation orientale du Chott El-Djerid, et la grande courbe très tendue du Djebel Cherb, dont nous avons exploré à Kriz les dernières collines. A partir d'Aïn Kebiriti le terrain se relève en une sorte de plateau rocheux qui ne disparaît que le long des bords argileux de la Sebkha et que coupent des rigoles ou ravinets garnis d'arbustes et de Graminées des genres *Pennisetum* et *Arthratherum*. C'est sur leurs bords que je cueille d'abord un *Atractylis* à fleurs élégantes, peut-être variété de l'*A. prolifera*, et plus tard le *Lotus hosackioides* Coss., espèce nouvelle, d'abord découverte au Maroc et retrouvée par le Dr André à notre localité même. Bientôt nous arrivons au bord d'un immense ravin qui s'enfonce dans la montagne en tournant au pied d'escarpements à pic couronnés par de larges bandes de roc. C'est l'Oued Châba, dont le lit est le chemin que nous devons prendre pour franchir le Cherb, mais l'eau y fait défaut. Il faut pousser plus loin, reprendre le plateau pierreux qui s'est élevé par une pente insensible, et planter notre tente sur une terrasse au-dessus d'un nouveau ravin, l'Oued Zitoun, obstrué par des rochers qui recèlent dans leurs dépressions quelques tonnes d'eau pluviale. De la hauteur qui domine notre campement, la vue est splendide : au nord et vers l'ouest le Cherb, dont la chaîne a atteint depuis longtemps sa plus grande hauteur, présente des masses disloquées dont le sommet est occupé par des couches de calcaires compacts, horizontales ou inclinées; au sud, la surface encore large du Chott, unie et couverte d'efflorescences salines, commence à environ six kilomètres et s'étend jusqu'à la limite brunâtre et indécise de la presqu'île du Nefzaoua. Sur plusieurs lignes, et surtout en face de l'Oued Châba, cette mince couche blanche de sel a disparu sur les routes du Chott El-Fedjedj, plus nombreuses et moins redoutées que celles du Chott El-Djerid. Le lit de l'Oued Zitoun, au-dessous de la barre des rochers, est rempli d'un sable assez grossier, à peu près aride; mais les bords sont garnis presque partout de plantes dont un certain nombre offrent de l'intérêt, et parmi elles le *Lotus hosackioides*.

Lorsque je reviens à la tente, le ciel s'est obscurci et le vent souffle de l'est. Nous nous endormons au bruit des premières gouttes de pluie qui crépitent sur la toile.

Mercredi 11 juin. Il a plu par rafales toute la nuit; il pleut lentement, mais à peu près constamment, pendant toute la journée. Impossible de tenter l'ascension de la montagne. A deux reprises, j'essaie, en compagnie de mon préparateur, d'explorer les environs, mais, après des efforts héroïques, nous devons battre en retraite, à la hâte, avec le regret de ne pouvoir étudier plus complètement une localité des plus intéressantes.

Voici la liste des espèces que nous y avons récoltées :

Ammosperma cinereum Hook.
Notoceras Canariense R. Br.
Erucaria Ægiceras J. Gay.
Helianthemum Cahiricum Del.
H. ellipticum Pers.
Frankenia thymifolia Desf.
Dianthus serrulatus Desf. *var.* grandiflorus.
Malva Ægyptia L.
Erodium hirtum Willd.
Fagonia virens Coss. et DR.
Trigonella stellata Forsk.
Astragalus cruciatus Lmk.
A. Kralikianus Coss.
Herniaria fruticosa Desf.
Eryngium ilicifolium Desf.
Eryngium (sans fleurs, peut-être nouveau).
Pulicaria Arabica Cass. *var.* longifolia.
Asteriscus pygmæus Coss. et DR.
Cladanthus Arabicus Cass.
Leyssera capillifolia DC.
Atractylis citrina Coss. et DR.
A. microcephala Coss. et DR.
A. prolifera Boiss. *var.*?
Microlonchus Duriæi Spach.
Kœlpinia linearis Pall.
Catananche arenaria Coss. et DR.
Andryala tenuifolia DC.
Megastoma pusillum Coss. et DR. (1).
Echinospermum Vahlianum Lehm.
Scrofularia deserti Del.
Salvia Jaminiana de Noë (2).
Teucrium Polium L. *var.*
Plantago ciliata Desf.
P. amplexicaulis Cav.
Atriplex mollis Desf.
Euphorbia glebulosa Coss. et DR.
Allium Cupani Raf.
Asphodelus tenuifolius Cav.
Panicum Teneriffæ R. Br.
Pennisetum ciliare Link.
Aristida Adscensionis L. *var.* pumila.

Le 12, dès l'aube, nous sortons de nos tentes encore raidies par la pluie qui vient de cesser. Le Chott a perdu son bel éclat argenté : une couche d'eau le recouvre et reflète tristement un ciel livide. Cependant il faut partir. Nous revenons sur nos pas pour prendre le lit de l'Oued Châba, dont nous suivons d'abord les spirales. Nous abordons ensuite des pentes où des veines de gypse solide alternent avec des marnes dans lesquelles les chevaux enfoncent jusqu'aux genoux. Les chameaux avancent encore plus péniblement. Les flancs disloqués de la montagne forment de grandes masses séparées dont la crête ro-

(1) Nouveau pour la flore de la Tunisie.
(2) Nouveau pour la Tunisie.

IMPRIMERIE NATIONALE.

cheuse s'incline vers le sud. Plus avant nous rencontrons des couches tourmentées de gypses noirs et plus loin des parties de la montagne qui ont gardé l'horizontalité primitive de leurs assises. Enfin, devant nous, se dresse une ligne de faîte formée par des bandes de calcaire rompues brusquement de notre côté et qui pendent vers le nord, avec une inclinaison de 20 degrés. Nous franchissons par une brèche cette muraille et nous nous arrêtons un instant pour attendre le convoi. Je profite de la halte pour fouiller les anfractuosités où poussent quelques touffes de *Moricandia suffruticosa*, d'*Euphorbia Bivonæ* et de beaux pieds de *Reseda Alphonsi*, plante qui ne manque à aucune des montagnes de la région. La descente, longue mais facile, s'effectue d'abord en suivant une véritable corniche de pierre sur une pente régulière où le *Galium petræum* croît seul dans les crevasses du rocher ; puis dans le lit de l'Oued Taferma qui descend assez rapidement vers la plaine, coupé par des ressauts quand il rencontre une couche de calcaire dur. Le long de ses bords croissent des buissons de *Zizyphus Lotus*, de *Retama Rætam* et de *Rhus oxyacanthoides;* sur les roches hantées par les Goundis poussent des échantillons d'une grandeur exceptionnelle de *Senecio Decaisnei*. Nous établissons notre campement en face d'un ghedir, au-dessus du dernier relèvement rocheux de la montagne dont les tranches supérieures nous fournissent une récolte intéressante de fossiles. Vers le nord, l'Oued Taferma, sorti enfin des défilés, serpente en s'étalant dans les courbes. Son lit est couvert d'une végétation abondante ; au milieu des Jujubiers, des *Retem* et des Ricins, pullulent l'*Ononis angustissima* et l'*Hedysarum carnosum*.

Nous y constatons en outre :

Nigella Hispanica L. *var.* intermedia.
Matthiola oxyceras DC. *var.* basiceras.
Reseda Arabica Boiss.
Dianthus serrulatus Desf. *var.* grandiflorus.
Trigonella stellata Forsk.
Hippocrepis bicontorta Lois.
Neurada procumbens L.
Paronychia longiseta Webb.
Scabiosa arenaria Forsk.
Gymnarrhena micrantha Desf.
Rhanterium suaveolens Desf.
Pyrethrum trifurcatum Willd.
Atractylis citrina Coss. et Kral.
A. prolifera Boiss. *var.*?
Centaurea contracta Viv.
Zollikoferia resedifolia Coss.
Dœmia cordata R. Br.
Celsia laciniata Poir.
Linaria laxiflora Desf.
Arthratherum pungens P. B.

Le 13, nous coupons les méandres de l'Oued Taferma et nous nous dirigeons au nord-est à travers une large plaine au sol craquelé, sans ondulations et sans broussailles. A partir d'un douar près duquel croît le *Crozophora verbascifolia*, un changement se produit dans la végétation : la belle forme d'*Atractylis* du Djebel Cherb fait place au type de l'*A. prolifera;* l'*Atractylis flava*, très abondant, succède à l'*A. citrina*. Je recueille aussi le *Centaurea Omphalodes* que je n'avais pas encore vu en Tunisie. En atteignant le pied des collines qui ceignent la plaine du côté du nord et dont nous traversons la pointe occidentale, nous rencontrons un terrain pierreux, puis, sur le versant opposé, les sables qui forment le lit de l'Oued Gourbata. Nous marchons autant que possible sur les rives parmi les touffes des Graminées pour éviter les piqûres affolantes de ces imperceptibles moustiques que les Arabes appellent ouech-ouech. Aussi, sans nous préoccuper des gazelles qui fréquentent ces parages, nous précipitons notre allure pour arriver au Bordj Gourbata, composé de deux misérables maisons en terre grisâtre réunies par une cour fermée.

Le reste de l'après-midi est consacré à une promenade au nord-est du Bordj. J'y retrouve l'Oued Gourbata avec de l'eau et sans moustiques, mais ses sables mouvants m'interdisent le passage et je me contente d'explorer un bas-fond de la rive gauche; au-dessous des *Tamarix* de la berge s'étend une véritable plate-bande de plantes fleuries : *Sisymbrium coronopifolium*, *Malcolmia Ægyptiaca* var., *Malva Ægyptia*, *Astragalus cruciatus*, *Lotus pusillus*, *Paronychia longiseta*, *Ammodaucus leucotrichus*, nouveau pour la Tunisie, *Microrhynchus nudicaulis*, *Centaurea Omphalodes*, *Danthonia Forskalei*. L'*Hedysarum carnosum* abonde surtout, ainsi que le *Pennisetum ciliare* et les *Arthratherum* déjà notés. Cette lisière multicolore contraste avec la teinte grisâtre ou glauque de la plaine qui entoure le Bordj et se déroule à l'horizon vers l'est ; des Salsolacées ligneuses vulgaires, le *Limoniastrum monopetalum*, l'*Atriplex Halimus* et son congénère l'*A. mollis*, en composent seuls la maigre végétation frutescente.

Il nous faut pourtant l'aborder le lendemain; heureusement le sol est criblé de trous de gerbilles; les gracieux rongeurs qui traversent à chaque instant la route ou stationnent au bord de leur terrier, offrent à nos tireurs des distractions sans cesse renouvelées, et nous font oublier à la fois la monotonie du paysage et la longueur du chemin. Enfin, la plaine se peuple de petites buttes couronnées de Jujubiers et d'*Atriplex*, et nous ne tardons pas à apercevoir l'oasis de Gafsa qu'annoncent des massifs d'Oliviers au delà desquels les troncs élancés des Dattiers élèvent leur cime élégante. Le chemin se resserre entre deux murs et domine de chaque côté des jardins ou vergers d'une fraîcheur et d'une fertilité merveilleuses. Nous sommes ici à la

5.

limite du Dattier dont les régimes y mûrissent mal, mais les arbres fruitiers, même des pays très tempérés, comme les Poiriers, les Pommiers et les Cognassiers, y acquièrent une taille et un développement extraordinaires. J'y constate un grand nombre de superbes Micocouliers (*Celtis australis*) et je remarque dans un grand jardin une belle culture de Soleils (*Helianthus annuus*). Nous atteignons bientôt la ville, nous suivons des rues où les pierres antiques constituent des pans entiers de murailles, nous nous arrêtons un instant près du Dar-el-Bey pour admirer le bassin de la grande source thermale tout peuplé de *Chromis* et, après avoir longé la curieuse façade de la citadelle, nous allons planter nos tentes à l'ouest de la ville, un peu en avant du monticule où s'éleva jadis la cité ancienne de Capsa.

Le désir de prendre du repos et aussi la nécessité de remettre nos équipages en état nous retiennent quelques jours à Gafsa, dont le séjour nous est rendu très agréable par l'aimable accueil de M. le colonel d'Orcet et des officiers qui l'entouraient.

Les environs de Gafsa et l'oasis ayant été explorés avec soin, d'abord par M. Doûmet-Adanson en 1874, et cette année par M. le Dr Robert, ainsi que par mes collègues de la mission botanique MM. Doûmet-Adanson et Bonnet, nous bornâmes nos explorations à la visite d'anciennes carrières souterraines situées aux portes de la ville, où mon compagnon M. Lataste captura quelques chauves-souris, seuls habitants de ces latomies sur lesquelles l'imagination arabe a brodé des légendes merveilleuses.

VIII

De Gafsa à Tebessa, hauts plateaux tunisiens.

Lundi, 20 juin. Les mulets et les hommes du train, attendus depuis deux jours, étaient arrivés la veille. L'oasis de Gafsa menaçait de devenir pour nous une Capoue. Nous partîmes enfin en prenant une route tracée par nos soldats, sous les auspices du général Hervé, et qui coupe la plaine vers le nord. Nous laissons à droite et à gauche de petits massifs isolés dont les couches, inclinées sur tous les flancs, ressemblent à de gigantesques carapaces de tortues, brisées et fossilisées. La végétation est maigre et ne présente que des espèces vulgaires, si ce n'est auprès d'une ruine romaine où commence à apparaître le *Sideritis montana*, avant-garde de la flore des hauts plateaux. Cependant, les buissons de *Zizyphus Lotus* deviennent abondants et touffus. De grands vautours fauves nous signalent en s'envolant l'approche du puits où d'ordinaire on fait la grande halte et qu'entourent de belles touffes de *Linaria laxiflora*. Nous marchons toujours, bien que l'heure soit avancée et la chaleur pesante, espérant rencontrer quelques gros buissons ou quelque arbre qui nous prête son abri; nous finissons par nous installer au bord de l'Oued Feriana, qu'on appelle plus souvent Oued Sidi-Aïch dans cette partie de son cours, et dont nous avions aperçu de la route les galets blancs et polis. Pendant que le feu s'allume et qu'on étend des couvertures sur les buissons de *Retem* pour créer un peu d'ombre malgré le soleil perpendiculaire, je fouille dans les détritus déposés le long des berges par les dernières crues et j'y trouve avec joie les coquilles d'une douzaine au moins d'espèces de Mollusques divers dont près de moitié n'ont jamais été rencontrés en Tunisie.

Nous franchissons l'oued et nous nous dirigeons vers une montagne aux roches sombres; nous ne tardons pas à apercevoir à leur pied des tombeaux antiques à étages, des ruines et les restes d'un camp que nos troupes ont récemment abandonné. A droite, dans un bas-fond, se cache un caravansérail avec un puits, près duquel nous campons. Au-dessus de nous, de la muraille brune formée par les grandes tranches calcaires de la montagne, descend en ligne tortueuse, comme un escalier, un ravin formé d'assises superposées sur lesquelles s'étagent des buissons épineux et courent des Goundis.

Nous y faisons une rapide exploration, mais notre escalade est trop tôt interrompue par la nuit, car cette localité intéressante, malgré son caractère encore saharien, nous offre quelques représentants de la flore des hauts plateaux :

Nous y notons en effet les *Paronychia nivea*, *Centaurea pubescens*, *Callipeltis Cucullaria*, *Reseda Duriæana*, à côté des *Farsetia Ægyptiaca*, *Dianthus serrulatus* var. *grandiflorus*, *Astragalus cruciatus*, *Polycarpæa fragilis*, *Eryngium ilicifolium* (en énormes touffes), *Leyssera capillifolia*, *Senecio Decaisnei*, *Linaria laxiflora*, *Arthratherum ciliatum*, *Chloris villosa*, *Eragrostis sporostachya*.

Le lendemain, nous reprenons la route officielle de Feriana et remontons le cours de l'oued, le long de collines rocheuses, où nous capturons des rongeurs. Vis-à-vis d'un confluent, quelques Oliviers sont les seuls arbres dignes de ce nom que nous ayons rencontrés depuis notre départ de Gafsa; sur l'autre bord, le *Retama sphærocarpa*, couvert de fleurs jaunes, nous apparaît pour la première fois. Nous coupons ensuite une plaine basse d'alluvions sans grand intérêt. Cependant la chaleur est devenue intense et, pour faire halte, à défaut d'arbres, nous nous réfugions dans l'embouchure d'un oued latéral, dont les hautes berges sont creusées en niches arrondies. En face de nous, le lit de la rivière largement développé, et qui porte le nom local d'Oued Zitouna, présente deux ou trois îlots de végétation luxuriante séparés par des lits arides de sable et de graviers.

Des touffes basses de *Tamarix Gallica*, le *Retama Rætam* et le *R. sphærocarpa* y représentent la végétation frutescente.

Ici le mélange des plantes sahariennes et des espèces des hauts plateaux, que nous avons signalé à Sidi-Aïch, s'accentue davantage. Nous sommes dans une zone mixte, ainsi que le démontre la liste suivante :

Diplotaxis erucoides DC.
Erysimum grandiflorum Desf.
Sisymbrium runcinatum Lag.
Biscutella auriculata L.
Muricaria prostrata Desv.
Helianthemum Fontanesii Boiss. et Reut.
Reseda Duriæana J. Gay.
R. Arabica Boiss.
Dianthus serrulatus Desf. *var.* grandiflorus.
Silene muscipula L.
Astragalus cruciatus Link.
A. Gombo Coss. et DR.
Cucumis Colocynthis L.
Polycarpon alsinefolium DC.
Daucus parviflorus Desf.
Asperula aristata L. f.
Callipeltis Cucullaria Stev.
Nolletia chrysocomoides Cass.
Micropus bombycinus Lag.
Francœuria laciniata Coss. et DR.
Anthemis pedunculata Desf.
Pyrethrum macrocephalum Coss. et DR.
Ifloga spicata Sch. Bip.
Artemisia Herba alba Asso.
A. campestris L.
Senecio Decaisnei DC.
Atractylis cæspitosa Desf.
Echinops spinosus L.
Silybum eburneum Coss. et DR.
Onopordon ambiguum Fres.
Andryala Ragusina L. *var.* virgata.
Echinospermum patulum Lehm.
E. Vahlianum Lehm.
Celsia laciniata Poir.
Phelipæa lavandulacea Schultz.
Sideritis montana L.
Blitum virgatum L.
Euphorbia glebulosa Coss. et DR.
Stipa tenacissima L.
Arthratherum pungens P. B.
A. ciliatum Nees.
Festuca Memphitica Coss.

Nous sortons du lit de l'oued pour rentrer dans la plaine d'alluvions de la rive gauche. Devant nous, s'ouvre à l'horizon un défilé dominé à l'ouest par des rochers presque verticaux; mais avant d'y arriver, nous voyons poindre deux cavaliers sur la route poudreuse; bientôt nous distinguons leurs képis et devinons le docteur Robert qui vient à nous, suivi de son ordonnance. La rencontre a lieu avec de cordiales poignées de mains et nous remontons ensemble la longue rampe du khanguet, le long des rochers tout barbus de buissons et habités par des Pigeons (*Columba Livia*). Parvenus au sommet, nous quittons la route pour piquer droit sur Feriana. Devant nous, s'étend une chaîne de collines assez basses, dont le pied est occupé par une oasis d'arbres fruitiers que domine le panache solitaire d'un Dattier, en face de nous, par un amas de bâtiments blancs et de baraques (c'est le camp), et sur la gauche, par un vaste champ de ruines, vestiges des splendeurs de Thelepte.

L'excellent docteur, après nous avoir présenté aux officiers du Bureau des renseignements et de la garnison, m'emmène dans une gorge crayeuse où il a découvert une plante dont nous voyons ensemble les premières fleurs; c'est un charmant *Hypericum* nouveau pour la Tunisie et sans doute pour la science[1].

Le 22 juin, nous employons la journée à visiter les ruines de Thelepte, les hautes roches entaillées à pic par les carriers et qui portent à leur faîte les restes d'une citadelle, un grand édifice à six niches veuves de leurs statues et qui semble avoir servi de bains, un ensemble formidable de murs, où l'œil démêle encore le réseau des rues, la basilique, bien reconnaissable aux bases de ses colonnes, et, à l'est du plateau, au milieu de débris confus, quatre hautes colonnes encore debout, que les Arabes nomment les Frères et qui ont dû supporter une coupole. Nous prenons au retour le lit d'un petit canal qui, du pied de la citadelle antique, porte les eaux fraîches d'une source jusqu'au camp et aux jardins, en suivant le pied d'une colline aux flancs rocheux. Sur les bords, où pullulent les Lauriers-Rose, le *Juncus Fontanesii*, le *Mentha rotundifolia*, l'*Adianthum Capillus-Veneris*, croissent de belles touffes de *Carex echinata;* les rochers offrent une variété intéressante du *Scabiosa crenata*, l'*Allium Cupani*, l'*Argyrolobium uniflorum*, le *Rhamnus lycioides*, l'*Euphorbia glebulosa*, le *Blitum virgatum*, l'*Ononis Columnæ*, le *Sideritis montana* et le *Telephium Imperati*.

Nous faisons aussi une promenade dans le village indigène, entouré de jardins et de quelques champs de céréales. Les routes sont bordées d'*Opuntia Ficus-Indica*, les jardins renferment des Figuiers, des Abricotiers, quelques Poiriers et Pruniers et de beaux Grenadiers en fleurs. Les légumes sont surtout représentés par les Oignons et les Cucurbitacées.

23 juin. Le docteur Robert nous a conviés à une longue course. Il nous conduit d'abord à un groupe de jardins semés de nombreux vestiges d'un établissement romain, qui devait avoir une certaine importance. Après avoir mis pied à terre pour fouiller un petit bassin où vit une Amnicole et pour recueillir l'*Hypericum tomentosum*, nous lon-

[1] *Hypericum Roberti* Coss.

geons un aqueduc, en grande partie souterrain, et rejoignons la plaine où se déroule la route de Feriana à Kairouan. Nous la suivons jusque vers le travers du Djebel Khechem-el-Kelb. Cette montagne borne au nord un véritable fourré bas et dru de Halfa (*Stipa tenacissima*), dont les grosses touffes et les hautes tiges nous forcent à d'incessants détours. Quelques pieds de *Linaria fallax* et de *Centaurea pubescens* s'y dissimulent. Après trois quarts d'heure de cette marche sinueuse et pénible, nous gagnons le pied de collines couvertes de Pins d'Alep et pénétrons dans un ravin à pente raide, où la roche se montre à nu, et où les pierres roulent sous les pieds de nos montures. Bientôt même, il faut descendre et s'arrêter. A côté d'un superbe *Bupleurum* qui commence à peine à fleurir et que j'ai cueilli en 1862 sur la frontière au Djebel Bou-Djaber (*B. Gibraltaricum*), croît abondamment le *Linum suffruticosum*. Dans les anfractuosités de la crête s'abritent les *Linaria flexuosa*, *Polycarpon Bivonæ* et *Fumaria Numidica*.

Après un déjeuner rapide, le docteur et moi, malgré la température torride, nous abandonnons le ravin pour atteindre une longue couche de rochers coupés à pic de notre côté et formant une table inclinée sur le revers opposé. Nous en suivons le pied jusqu'à un col élevé et revenons ensuite par le chemin relativement facile des crêtes, rapportant de cette courte exploration, outre les espèces ci-dessus indiquées, les :

Helianthemum rubellum Presl.
H. lavandulæfolium DC.
Dianthus Siculus Presl.
D. serrulatus Desf. *var.* grandiflorus.
Hypericum Roberti Coss.
Haplophyllum linifolium A. Juss.
Genista capitellata Coss. et DR.
Ononis ornithopodioides L.
Melilotus gracilis DC.
Sedum dasyphyllum L. *var* glandulife-rum.
Seseli varium Trev.
Pimpinella dichotoma L.
Centranthus Calcitrapa Dufr.
Atractylis prolifera Boiss. *var.*
Centaurea Parlatoris Heldr.
Antirrhinum Orontium L. *var.* micro-carpum.
Linaria rubrifolia Rob. et Cast.
Asphodelus fistulosus L.

A noter aussi quelques pieds de *Pistacia Terebinthus* nichés dans les fentes de la crête.

Il faut songer au retour. Nous regagnons la route de Kairouan, près d'une sebkha qui porte le même nom que la montagne, Khechem-el-Kelb (Museau de chien). Cette vaste mare est peu profonde et très vaseuse; une bande de flamants roses s'y promène tranquillement, mais à une distance respectueuse, et les coups de feu qu'elle essuie ne paraissent guère l'émouvoir.

Après cette fusillade inutile, nous devons nous résigner à suivre jusqu'à Feriana la longue ligne des poteaux télégraphiques.

24 juin. J'aurais bien voulu reprendre ma course, mais l'ingénieuse bienveillance du docteur trouve mille prétextes pour nous retenir: son herbier à examiner, notre itinéraire à arrêter définitivement et enfin une dernière visite à faire aux jardins, où mon compagnon M. Lataste surprend une belle couleuvre endormie sur un mur.

25 juin. Nous suivons la route officielle, la route de la plaine, qui longe, tout près de Feriana, des rochers d'un rouge noir comme du sang coagulé. Un de ces blocs a été pris par Guérin pour un aérolithe, mais la stratification et le plongement de la roche sous le sol où elle s'enfonce profondément prouvent qu'ils font partie d'une formation régulière, dont ils ne sont que des affleurements. De gros grillons aux flancs sillonnés d'ornements d'un rouge vif (*Eugaster Guyonii*) courent sur le sol crevassé de la route.

La plaine aboutit à un massif de collines qui semblent barrer l'horizon. Ce n'est qu'en y touchant que nous apercevons la porte étroite d'un long défilé tournant bordé à droite de roches escarpées, le Foum Goubel. Pendant que nos bêtes soufflent et que nos gens grimpent à la poursuite des perdrix qui piètent sans vouloir s'envoler, je recueille quelques plantes : *Nigella Hispanica* var. *intermedia*, *Polygala saxatilis*, *Polycarpon Bivonæ*, *Galium petræum*, *G. murale*, *Sedum dasyphyllum* var. *glanduliferum*, *Inula montana*, *Carduus macrocephalus*, *Scabiosa crenata*, *Linaria simplex*, *Sideritis montana.*

Le défilé débouche au milieu d'un petit bosquet de *Juniperus Phœnicea* d'un beau port et d'un effet pittoresque. Nous le traversons et quittons la route pour entrer dans une véritable mer de Halfa dont les panaches d'un blanc grisâtre, courbés par la brise, simulent des flocons d'écume sur la crête des vagues. Après avoir erré quelque temps à la recherche d'un guide et fait lever devant nous des compagnies de jeunes Poules-de-Carthage, nous finissons par entrevoir le bout de la longue nappe de Halfa et par discerner le cercle noir d'un douar, au pied d'un fort rectangulaire romain nommé aujourd'hui Bordj Tamesmida, qui, chose extraordinaire dans cette région, après avoir été ruiné par les Berbères ou les Vandales, n'a point été reconstruit par les Byzantins.

Après m'être livré, avec mon collègue M. Lataste, à la chasse d'un intéressant reptile, le *Trogonophis Wiegmanni*, gîté sous les pierres massives du bordj, je profite du reste de jour pour visiter l'entrée du Foum Tamesmida qui s'ouvre au nord de la ruine. J'y retrouve le *Bupleurum Gibraltaricum*, le *Dianthus serrulatus* et l'*Hypericum Roberti* du Djebel Khechem-el-Kelb, associés au *Cistus Clusii* et au *Ruta angustifolia*, tandis que sur les rochers, du côté opposé, poussent le *Ballota nigra* et de magnifiques pieds de *Senecio ambiguus* (nouveau pour la Tunisie), dont les capitules ne sont pas encore épanouis.

Le lendemain matin, 26 juin, je reprends avec tout le convoi le chemin du Foum Tamesmida. Le défilé tourne brusquement à l'est, le long d'un rocher où croissent le *Malope malacoides*, le *Sedum album* var. *micranthum*, les *Linaria rubrifolia* et *simplex*, l'*Antirrhinum Orontium* var. *microcarpum* et le *Cheilanthes odora*, puis reprend sa direction vers le nord. Un bois de Pins d'Alep couvre les flancs du défilé, et sur les berges du torrent, qui roule un clair filet d'eau, abonde le *Senecio ambiguus;* le sentier étroit passe sans cesse d'un bord à l'autre du ravin, bordé par les touffes du *Santolina squarrosa*, et je salue avec joie, dans cette gorge qui sépare la Tunisie de l'Algérie, la présence inespérée et charmante d'un Églantier en fleurs (*Rosa canina* var. *sepium*).

Au bout de trois quarts d'heure d'une marche qui ne nous a pas paru bien longue, nous débouchons dans une plaine où, parmi des buissons bas, poussent de nombreux pieds d'une variété du *Thymelæa Tarton-Raira*, arbuscule rare sur les Hauts-Plateaux de l'Algérie, près de Djelfa, et non encore signalé en Tunisie. Nous croisons la route directe de Tebessa et suivons une pente douce tapissée d'un gazon ras, au sommet de laquelle s'élève une rangée de piliers reliés à leur sommet par une longue bande de pierres de taille. Sur le *pavimentum* régulier qui entoure les piliers, se dessinent parfaitement nettes des rainures circulaires qui ne laissent aucun doute sur la destination de l'édifice. Nous sommes en face de magnifiques presses à huile près desquelles existent des restes considérables de murailles. Sur cette colline de Bou-Chebka existait au temps des Romains un de ces *Prædia rustica*, immenses domaines qui renfermaient tout un peuple d'esclaves. Les plantes que je recueille au milieu des ruines et jusque dans les fentes du *pavimentum* annoncent, aussi bien que les grands champs de Halfa, que nous sommes en pleine région des hauts plateaux. Ce sont :

Medicago secundiflora DR.
Trigonella Monspeliaca L.
T. polycerata L.
Hippocrepis scabra DC.
Minuartia campestris L.
Centaurea incana Lag.

Carduncellus Atlanticus Coss. et DR.	Calamintha graveolens Benth.
Androsace maxima L.	Salvia Verbenaca L.
Phelipæa lavandulacea Schultz.	Sideritis montana L.

Les *Trigonella polycerata*, *Minuartia campestris*, *Carduncellus Atlanticus* et *Calamintha graveolens* n'avaient point encore été rencontrés en Tunisie. De tout le voyage, nous n'avions fait en aussi peu de temps, et sur un espace aussi restreint, une moisson aussi précieuse.

Cependant le convoi nous a dépassés avec ses lourds chameaux, l'heure s'avance et l'appétit vient. Nous poursuivons notre route en longeant de grands carrés de blés; çà et là des Artichauts sauvages (*Cynara Cardunculus*), qui montrent leurs capitules aux épines féroces, attestent, de même que la beauté des épis jaunissants, la profondeur de l'humus.

Au plateau fertile succède un col ombragé de quelques arbres et coupé par des ressauts de calcaires stratifiés. Nous en descendons la pente pour tourner à droite dans une plaine plus basse où les moissons ne sont pas rares et m'offrent, avec des débris d'*Androsace maxima*, des touffes nombreuses de *Gypsophila compressa*. Le terrain, qui s'élève vers le nord-est, est couvert de bois de Pins, et devant nous une ruine, qui fut une forteresse au temps de l'occupation romaine, domine du haut d'une colline légèrement aplatie un marécage rempli de Joncs, de Cypéracées et de hautes Graminées. La source qui lui donne naissance s'appelle Aïn Bou-Driès et doit son nom au *Thapsia Garganica* (en arabe Driès, Deriès) dont les ombelles jaunissent la colline. Bêtes et gens se précipitent vers l'eau. J'aperçois, dans le fouillis végétal d'où s'échappe le ruisseau, une touffe énorme de *Senecio giganteus* que je n'atteins qu'à grand'peine en enfonçant jusqu'à mi-jambe dans le sol spongieux et tremblant.

La fraîcheur de la source, la beauté du paysage, la proximité des ruines nous invitaient à faire halte à Aïn Bou-Driès, mais cet arrêt n'était pas prévu dans notre itinéraire et nous avions intérêt à pousser plus loin avant la pluie qui menaçait. Nous reprenons donc notre route en suivant, à gauche du ravin qui se creuse en descendant, le bord d'un plateau où le sol gréseux s'effrite et se couvre d'une couche de sable. A mesure que nous avançons, le plateau est coupé de ravins de plus en plus profonds, aux ramifications anastomosées qui rendent notre marche de plus en plus difficile; en outre nous étions entrés dans un bois de Pins d'Alep et de Chênes-verts rabougris où il n'était pas aisé de se frayer un passage. Nous campons dans un ancien champ au-dessus du ruisseau qui, rencontrant une assise de roche plus résistante, forme une chute d'un mètre et demi de hauteur et prend le nom d'Oued Cherchara (rivière de la cascade). Sur l'autre rive, la colline devient une vraie montagne toute verte de grands Pins où roucoulent les palombes. Près de notre tente une dépression, profonde de plus de sept mètres et large au plus de deux, entaille le grès du plateau et ne s'évase un peu qu'en débouchant dans l'oued ; là elle est obstruée par un immense Figuier qui verse une ombre dense, favorable à la sieste. Malheureusement, à peine avais-je commencé une exploration sommaire qu'une averse violente me ramène sous la tente et ce n'est qu'à la faveur de rares éclaircies que je puis faire encore quelques recherches dans le bois.

La présence du sable auquel donne naissance la désagrégation de la roche explique seule l'abondance, à une pareille altitude, loin du Sahara ou de la mer, des *Stachys arenaria*, *Nolletia chrysocomoides*, *Echiochilon fruticosum*, *Silene Nicæensis*, *Anthemis pedunculata* var., *Senecio coronopifolius*, *Ononis longifolia*, *Rumex Tingitanus* var., *Andryala Ragusina* var. *ramosissima*, *Medicago littoralis*.

Sous les Pins végètent un certain nombre d'espèces qui appartiennent à la flore des hauts plateaux et de leur région montagneuse inférieure :

Cistus Clusii Dun.
Helianthemum Niloticum Pers. *var.*
Silene conica L. [1].
Medicago Lupulina L.
M. sativa L. (à fleurs jaunes).
Trigonella Monspeliaca L.
T. polycerata L.
Hippocrepis scabra DC.
Lœflingia Hispanica L.
Galium verum L.
Othonna cheirifolia L.
Lithospermum Apulum L.
Arnebia decumbens Coss. et Kral.
Phelipæa Schultzii Walp.
Thymus hirtus Willd. *var.* Algeriensis.
Blitum virgatum L., etc.

Entre l'oued et le pied de la berge s'étend une étroite prairie marécageuse où dominent les :

Geranium molle L.
Trifolium fragiferum L.
Tetragonolobus siliquosus Roth.
Lythrum Græfferi Ten.
Rubia lævis Poir.
Pulicaria Arabica Cass. *var.* longifolia.
Carduus macrocephalus Desf.
Cirsium lanceolatum Scop.
Phelipæa Muteli Schultz.
Juncus glaucus Ehrh.
J. Fontanesii J. Gay.
Carex echinata Desf.
Agrostis alba L. *var.* contracta.
Festuca arundinacea Schreb. *var.* interrupta.
Brachypodium pinnatum P. B.
Equisetum...

(1) Nouveau pour la flore tunisienne.

La tablette de pierre dure d'où l'eau se précipite est ornée d'une élégante bordure de *Samolus Valerandi* et d'*Adianthum Capillus-Veneris*.

27 juin. Après une nuit pluvieuse, le ciel était resté ouaté de nuages. Il était impossible d'atteindre la plaine en longeant le cours de l'Oued Cherchara dont on ne pouvait suivre le lit étroit et la pente rapide, et sur ses bords la forêt de Pins était trop dense et déchiquetée par d'infranchissables ravins. Nous nous hâtâmes donc de gagner le plateau couvert de Halfa. Après l'avoir franchi et avoir traversé un petit filet d'eau sorti d'une grosse roche encadrée de Capillaire (*Adianthum Capillus-Veneris*) et d'*Hypericum tomentosum*, nous atteignons des pentes largement ondulées dont nous suivons longtemps la ligne de faîte au milieu du bois de Pins sous une pluie fine et pénétrante. Vers la base de la montagne, la forêt s'éclaircit et finit par disparaître; devant nous s'étend la longue plaine de Fousana, bordée à gauche par des hauteurs qui, couronnées de puissantes assises calcaires, et séparées par d'énormes ravins boisés, représentent de gigantesques bastions. A leur pied s'étend un terrain bas parsemé de douars formant des cercles sombres et de ruines antiques; dans le lointain vers l'est, on distingue par intervalles les berges de l'Oued El-Hateb.

Lorsque nous gagnons la plaine, au sol sablonneux des croupes boisées succède une argile grasse où les bêtes patinent; la pluie redouble, et sans prendre garde aux cailles et aux outardes qui s'envolent des champs de blés le long de la route, sans même nous arrêter à quelques éminences surmontées de monuments mégalithiques, nous nous hâtons, sous la pluie qui fait rage, de traverser la route officielle pour sortir de la plaine. Nous nous engageons dans une vallée qui, d'abord largement ouverte, ne tarde pas à se rétrécir en gorge étroite (Foum Bouibet). En ce moment l'averse devient une tempête et nos montures qui glissent sur le sol détrempé refusent obstinément d'avancer. Il est impossible, dans ces conditions, de songer à atteindre Tala, la citadelle berbère à laquelle Jugurtha confiait ses trésors. Nous dépassons à grand'peine un ravin rempli de grands Genévriers (*Juniperus Oxycedrus* et *J. Phœnicea*), et, traînant nos mules par la bride, nous cherchons un refuge dans la forêt de Pins qui garnit la gorge. Une bâche tendue dans les arbres nous garantit fort mal du déluge jusqu'à l'arrivée du convoi. Un peu plus tard quelques éclaircies rendent possible une herborisation, malheureusement trop rapide, dans les environs immédiats de notre campement.

Je crois cependant devoir citer un certain nombre des espèces observées pour donner un aperçu de la végétation dans les forêts de Pins de la région :

Nigella arvensis L.
N. Hispanica L. *var.* intermedia.
Rapistrum Orientale DC. *var.*
Dianthus serrulatus Desf.
Silene cerastoides L.
S. nocturna L. *var.* brachypetala.
Linum corymbiferum Desf.
Genista capitellata Coss. et DR.?
Ononis Columnæ All.
O. ornithopodioides L.
Lotus corniculatus L.
Lotus edulis L.
Astragalus geniculatus Desf. [1].
Ebenus pinnata L.
Hedysarum pallidum Desf.
H. capitatum Desf.
Onobrychis venosa Desv.
Aizoon Hispanicum L.
Seseli varium Trev.
Atractylis cæspitosa Desf.
Scolymus grandiflorus Desf., etc.

Le sous-bois est presque entièrement composé par des buissons de *Rosmarinus officinalis* et des touffes de *Cistus Clusii*, de *Lygeum Spartum* et de *Stipa tenacissima*. Ces deux Graminées nous servent de litière pour recouvrir le sol délayé et défoncé de notre tente.

Nous nous endormons encore une fois tristement au bruit de l'averse ruisselante et du vent qui courbe la cime des grands Pins.

Le lendemain, 28 juin, le jour se lève terne et gris : la pluie a cessé, mais les arbres secouent encore des gouttelettes. Néanmoins on aperçoit au-dessus de la montagne un coin de ciel bleu. D'après les guides, l'état des chemins ne nous permet pas d'atteindre Tala avant la nuit et, si le mauvais temps continue, il faudra renoncer à visiter le Guelâat Es-Snam, tandis qu'en sacrifiant Tala et marchant directement sur Haïdra nous pourrons à la rigueur subir un retard de vingt-quatre heures sans abandonner notre objectif principal.

Nous revenons donc sur nos pas jusqu'à l'entrée du Foum Bouibet et marchons à l'ouest le long des collines pour atteindre la route officielle dans la passe du Khanguet Es-Slougui (le défilé du Lévrier). Sur notre chemin s'allonge un éperon rocheux dont la crête est formée par un mur berbère, c'est-à-dire par deux lignes parallèles de pierres brutes plantées verticalement. Vers le milieu de sa longueur ce mur est interrompu par une plate-forme presque circulaire de dalles non taillées dont le centre est occupé par un dolmen. A la pointe de l'éperon et à l'extrémité du mur, un second dallage porte un autre dolmen dont la table renversée gît sur le sol.

Arrivés au khanguet, nous prenons sur la droite un chemin qui grimpe sur une pente raide, bordé des deux côtés par des ruines

[1] Nouveau pour la flore tunisienne.

romaines. A droite s'élève la paroi abrupte de la montagne. La rampe aboutit à un étroit plateau formé d'un côté par cette paroi, à l'ouest par un escarpement gazonné qui plonge sur un oued presque caché parmi les Joncs et les Cypéracées. Au sud il est limité par un petit relèvement rocheux où grouillent les Goundis. Ce plateau est coupé par plusieurs doubles lignes de mégalithes qui relient, à intervalles à peu près réguliers, des dolmens bâtis au milieu d'un dallage circulaire.

Ces bandes de pierres brutes avec leurs monuments barrent complètement la seule voie de communication qui des ruines conduise vers le nord et n'ont pu être établies qu'après la destruction de la ville romaine [1].

Après une courte halte sur ce plateau, nous abordons une plaine ondulée où alternent, suivant la nature du sol, de larges bandes de *Lygeum Spartum* ou de *Halfa*. Dans les ravins où la terre est profonde le *Cynara Cardunculus* s'étale en grosses touffes. La plaine aboutit à une croupe allongée qui se termine par une ligne de collines couronnées, comme toujours dans cette région, par un bois de Pins d'Alep et de Chênes-verts. Nous franchissons une coupure étroite dans la crête rocheuse et entrons dans une nouvelle plaine de Halfa où jaunissent çà et là des carrés de moissons dorées. Une nouvelle chaîne de hauteurs boisées borne devant nous l'horizon. Nous arrivons au sommet par un terrain raviné, récemment ravagé par l'incendie. Le flanc nord, en pente très douce, présente, au milieu de la forêt, quelques fonds encore verdoyants où les blés alternent avec d'étroites

[1] Ces monuments, qui font suite à ceux qui ont été observés à l'Enfida, à la Kesra, à Maktar, à Hammam-Zoukra et à Ellez, rattachent ce que nous appellerons la région dolménique de la Tunisie aux grandes agglomérations mégalithiques algériennes du Dir, de Tebessa, de l'Oued Zenati, des Zerdeza, de Rokuia et des environs de Constantine. Leur nombre, l'étendue de l'aire qu'elles occupent, leur mode particulier de construction annoncent une œuvre vraiment nationale et ne permettent pas de les attribuer à des garnisons gauloises ou à de simples migrations celtiques. L'architecture primitive à laquelle nous devons les dolmens, les menhirs et les tumulus et dont nous retrouvons les traces des Syrtes jusqu'au Maroc, aussi bien qu'en France ou dans les Îles Britanniques, cette architecture qui n'est pas restée étrangère à l'Asie et dont la Bible porte témoignage, ne saurait être d'après nous l'apanage et la caractéristique d'une seule race. Nous essaierons de démontrer dans un mémoire spécial que les monuments mégalithiques du Nord-Afrique doivent être logiquement et certainement attribués aux Berbères, qui sont le premier peuple que l'histoire signale de la Marmarique au détroit de Gabès; que les Numides en ont construit pendant la durée de l'âge de la pierre et de l'âge du bronze, mais qu'ils ont continué à en édifier pendant la période romaine et jusqu'à la conquête arabe.

et longues prairies naturelles. Tout à coup, en sortant du couvert, nous apparaît l'ensemble imposant des ruines d'Haïdra, l'antique Ammædra : une citadelle, deux arcs de triomphe, une basilique, une tour hexagone, de hauts pans de murailles. Nous passons au milieu de cippes funéraires et, tournant à gauche, nous franchissons la rivière sur une couche horizontale de rocher d'où l'eau tombe en cascade et allons camper à l'ouest de la citadelle. Ruinée par les Vandales ou par les Berbères de l'Aurès, rebâtie par les Byzantins de Bélisaire ou de Salomon, la forteresse a subi une nouvelle destruction, peut-être au temps de la légendaire Kahina, et ses murs encore majestueux n'entendent aujourd'hui que les ululements de l'effraie et le glapissement des chacals.

Un officier tunisien s'est arrangé au milieu de ces ruines un modeste asile; il y exerce les importantes fonctions d'inspecteur-receveur des douanes. C'est un excellent homme qui nous accueille avec force compliments et, ce qui vaut mieux encore, nous envoie un pot de beurre qui améliore singulièrement notre ordinaire.

La visite des ruines et les préparatifs de notre excursion du lendemain absorbent le reste de la journée.

Mercredi, 29 juin. Avec quelle impatience j'attendais le jour où je pourrais enfin mettre le pied sur le Guelâat Es-Snam, ce merveilleux plateau, cette tranche nummulitique de 100 mètres d'épaisseur qui termine une montagne presque pyramidale et qu'à quinze lieues à la ronde on aperçoit de tous les points de l'horizon. En 1862, lorsque, avec le qaïd Ali, je visitais la frontière algérienne de l'Oued Melleg à Tebessa, j'avais réussi à escalader le Djebel Bou-Djaber dont la crête sert de limite à l'Algérie et recueilli sur le territoire de la Tunisie le *Bupleurum Gibraltaricum* et l'*Artemisia Atlantica;* mais, à la suite d'une conférence de deux heures avec les chefs des Oulad Bou-Ghanem, j'avais dû renoncer à pénétrer plus avant sans faire parler la poudre. Il fallut s'éloigner, non sans jeter un regard de regret sur cette merveilleuse forteresse naturelle qu'à cette époque je n'espérais plus revoir.

Aussi, dès l'aube, nous étions en selle et, laissant à Haïdra nos tentes et notre convoi, nous prenions au nord-est pour tourner la grande forêt de Pins d'Haïdra et traversions une longue plaine de Halfa coupée de petits plateaux pierreux où fleurit le Romarin. Après plus de deux heures d'une marche dont l'ennui n'est rompu que par le vol des Poules-de-Carthage ou la fuite effarée de quelques lièvres, nous atteignions un grand ravin aux berges marneuses au delà duquel le terrain s'élève rapidement, à peine recouvert d'un maigre gazon qu'égaient seules les fleurs du *Convolvulus tricolor*. Le sommet est occupé par une bande de calcaire à Inocérames, couverte comme d'habitude par un bois de Pins et de Chênes-verts. Avec la nature du sol change le caractère de la végétation et nous faisons rapidement la récolte des espèces suivantes :

Moricandia arvensis DC. *var.*
Helianthemum rubellum Presl.
H. lavandulæfolium DC.
H. virgatum Pers.
Dianthus Siculus Presl.
Linum suffruticosum L.
Erinacea pungens Boiss.
Ononis Natrix L. *var.*
Coronilla minima L.
Hedysarum pallidum Desf.
Bupleurum fruticescens L.
Santolina squarrosa Willd.
Centaurea incana Lag.
Carduncellus calvus Boiss. et Reut.
Anagallis linifolia L.
Linaria scariosa Desf.

La formation crétacée se termine, ainsi que la forêt, au petit col aplati de Foum Rechiana; devant nous se dresse une montagne aux flancs argilo-marneux couverts de belles moissons et que domine l'immense bloc de rocher aux bords taillés à pic qui forme à son sommet une plate-forme de 75 à 80 hectares et s'appelle Guelâat Es-Snam. Ce n'est pas sans une véritable émotion que j'en atteins la base en passant au milieu des rocs détachés de la masse qui ont roulé sur la pente. Le sommet n'étant accessible que sur un seul point, il nous faut suivre assez longtemps le pied des hautes parois verticales. Dans leurs anfractuosités croassent des bandes de corbeaux et de choucas; sur nos têtes, les aigles décrivent de grandes courbes en jetant leur cri aigu. Au sommet des blocs, les Goundis montrent leur tête curieuse et disparaissent au moindre geste suspect. Une végétation luxuriante couvre le sol, des touffes de l'*Oreobliton thesioides* [1] pendent le long des rochers; dans un enfoncement, un Lierre gigantesque monte jusqu'à la cime et orne plus de cinq cents mètres carrés d'une admirable draperie.

Non loin de là un grand dolmen se dresse parmi les blocs éboulés et deux rochers isolés présentent dans leurs flancs chacun une chambre artistement taillée : l'une de ces chambres est même éclairée par une étroite fenêtre.

Nous avions déjà parcouru un kilomètre depuis la pointe du ro-

(1) L'*Oreobliton thesioides*, lorsqu'il est exposé en plein soleil, a les feuilles étroites de la forme typique; au contraire, dans les anfractuosités où il croît à l'ombre, ses feuilles sont larges et ovales : c'est alors la forme qui a reçu le nom d'*O. chenopodioides*.

IMPRIMERIE NATIONALE.

cher, lorsque nous apercevons au bord de la plate-forme, vers le nord, quelques maisons en pierres auxquelles on accède par des rampes de degrés taillées en zigzag dans le rocher. Notre approche a *été signalée* : deux jeunes gens descendent en bondissant l'escalier vertigineux pour venir nous souhaiter la bienvenue au nom de leur père, le *moqaddem* (chef religieux) de la pauvre zaouïa du Guelâat Es-Snam. Ils nous invitent à monter au village et à y recevoir l'hospitalité jusqu'au lendemain, pendant que leurs gens garderont nos bêtes à la base. Nous ne pouvions songer à séjourner dans ces parages et la seule perspective de passer une nuit au contact des parasites indigènes nous causait des démangeaisons. D'ailleurs il était déjà tard et notre appétit, aiguisé par une longue course, réclamait une satisfaction immédiate. L'ascension de la plate-forme est en conséquence remise jusqu'après le déjeuner, et pendant qu'on apprête ce repas sommaire sous l'arceau d'une voûte naturelle, je recueille à pleines mains les belles plantes qui garnissent les consoles des parois ou qui s'abritent dans les fissures. Je revois là avec une véritable joie bon nombre des espèces que j'étais habitué jadis à rencontrer sur les montagnes calcaires des cercles de Guelma et de Souk-Ahras, et ce n'est qu'au troisième appel que je me décide à revenir m'asseoir près de mes compagnons affamés, rapportant un richissime butin :

Fumaria Numidica Coss. et DR. *var.* sarcocapnoides.
Sinapis pubescens L.
Brassica Gravinæ Ten.
Rapistrum Orientale DC.
R. hispidum Godr.
Dianthus Caryophyllus L.
Silene ambigua Camb.
S. Atlantica Coss.
Geranium molle L.
Erodium hymenodes L'Hér.
Rhamnus Alaternus L. *var.* prostrata.
R. lycioides L.
Medicago Lupulina L.
M. sativa L.
Prunus prostrata Labill.
Umbilicus pendulinus DC.
Sedum album L. *var.* micranthum.
S. dasyphyllum L. *var.* glanduliferum.
Petroselinum sativum Hoffm.
Galium lucidum All.
Anthemis punctata Vahl.
Calendula suffruticosa Vahl.
Carduus macrocephalus Desf.
Campanula Erinus L.
Echium calycinum Viv.
Verbascum Boerhavii L.
Linaria flexuosa Desf.
Stachys circinata L'Hér.
Festuca plicata Hack. (F. duriuscula L. *var.*), etc.

Les *Silene Atlantica*, *Petroselinum sativum* et *Festuca plicata* sont nouveaux pour la flore tunisienne, ainsi que la variété *sarcocapnoides* du *Fumaria Numidica* et l'*Oreobliton*.

Au sommet du rocher qui nous abrite, je distingue plusieurs beaux pieds d'*Asphodeline lutea* en fruits; malheureusement ils sont juchés sur une corniche inaccessible.

Après le déjeuner, nous longeons la base du guelâat à travers les Chardons (*Silybum Marianum*, *Notobasis Syriaca*) et les Orties (*Urtica pilulifera*) déjà desséchés. L'*Oreobliton*, le *Brassica Gravinæ*, le *Sinapis pubescens* et le *Stachys circinata* sont extrêmement abondants. L'*Erodium hymenodes* étale partout ses fleurs élégantes. Il est fâcheux que la végétation printanière ait déjà disparu; il n'en reste que des débris dans lesquels je crois reconnaître l'*Arabis auriculata* et des vestiges indéterminables d'une Véronique. En revanche le *Campanula Numidica* n'a pas encore épanoui ses fleurs.

Arrivés au pied des degrés, nous n'en tentons pas l'ascension sans une certaine appréhension, bien que les mulets et les troupeaux de la zaouïa les franchissent chaque jour. Les marches entaillées dans un calcaire presque marmoréen sont usées, polies et effroyablement glissantes. La première rampe aboutit à une sorte de tour carrée dont les murs sont en partie bâtis avec des blocs antiques et qui, en cas d'attaque, fournirait aux assiégés une défense inexpugnable. L'escalier, affreux casse-cou, en sort par une rampe en sens inverse et forme encore un nouveau repli avant de gagner le sommet du plateau protégé par un mur en parapet. La plate-forme, qui présente un développement beaucoup plus considérable que le plan incliné sur lequel est bâti Constantine et qui a été la citadelle des Hanencha à l'époque de leur puissance, a dû servir en tout temps de refuge inaccessible et d'asile inviolable.

Les Romains y avaient au moins un poste ainsi que l'attestent des voûtes antiques qui ont dû constituer des citernes (ou peut-être des silos) et de nombreuses pierres taillées ou sculptées dont l'une porte l'épitaphe d'un Fortunatus pleuré par sa femme. Le nom arabe de Guelâat Es-Snam (la forteresse des idoles) semble indiquer qu'il s'y trouvait des statues et probablement un temple.

Nous sommes reçus très courtoisement par le *moqaddem*, vieillard à barbe blanche, qui insiste pour nous conserver comme hôtes au moins pendant vingt-quatre heures, offre d'autant plus méritoire que sa zaouïa, où affluaient jadis les pèlerins et les offrandes, est aujourd'hui presque complètement délaissée. Nous traversons rapidement les rues encombrées d'herbes rudérales et bordées de maisons en ruines, pour gagner deux cavités rectangulaires à ciel ouvert creusées dans le roc, mais peu profondes, qui servent de citernes aux habitants. La première est encombrée par le *Ranunculus aquatilis* var. *Baudotii*, que nous sommes surpris de rencontrer en pareil lieu. Nous parcourons ensuite trop rapidement l'immense étendue de la plate-forme, où la roche nue ne présente guère de végétation que dans les crevasses qui la sillonnent et où s'est déposé un peu d'humus. Des Légumineuses, déjà rôties par le soleil, en forment le fond : *Medicago Cupaniana*, *M. elegans*, *M. tuberculata*, *M. tribuloides*, *M. turbinata*, *M. minima*, *Trifolium scabrum*, *T. stellatum*, *T. suffocatum*, *T. tomentosum*, *Melilotus sulcata*, *Astragalus sesameus*, *A. hamosus*, *A. Stella*, *A. cruciatus* var.?, etc. Vers les bords du plateau, nous retrouvons les *Sedum* qui croissent le long des parois et en outre une forme intéressante du *Sedum acre* ainsi que quelques restes presque méconnaissables d'un *Sagina* nain.

Des bords de cette magnifique plate-forme, de 1454 mètres d'altitude, qui domine toute la région, la vue s'étend sur un magique panorama. Du côté de l'ouest, au bas des pentes argilo-marneuses, se dresse la cime rocheuse et dentelée du Bou-Djaber et plus à l'ouest se profile le long plateau du Dir. Vers le sud, la vue s'étend à travers des ondulations de collines sur la masse sombre des forêts de Pins. A l'est, de vastes plaines, où serpente l'Oued Serrath et où s'élève le Djebel Hanech, sont semées de moissons blondes et tachetées par les douars des Oulad Bou-Ghanem et des Ferachich. Enfin, vers le nord, à gauche de monticules aux flancs abrupts, se dessine la silhouette du Kef, blanche sur le fond gris de la crête qui le domine.

La fuite de l'heure nous arrache à nos contemplations et nous ramène près de la zaouïa où nous attendent des jeunes filles aux cheveux ébouriffés et fort peu débarbouillées, les mains pleines d'œufs qu'elles viennent nous vendre. Des têtes de femmes apparaissent au-dessus des terrasses, suivant de l'œil les chances du marché. Quelques pièces blanches mettent en liesse les pauvres déguenillées et leurs mères. Le *moqaddem*, grave et digne, m'attend au sommet de l'escalier et récite le *fatha* [1] sur ma tête. La descente est plus dangereuse encore que l'ascension. J'arrive pourtant en bas sans accident, appuyé sur l'épaule du fils aîné de notre hôte.

Nous reprenons notre route à travers les blocs tombés de la cime et descendons vers le col dans les moissons où croissent le *Lychnis macrocarpa*, le *Rhaponticum acaule* et le *Carduncellus calvus*. Après avoir franchi le Foum Rechiana et traversé le bois de Pins, nous prenons vers l'ouest une route nouvelle qui doit nous conduire plus rapide-

[1] Le *fatha* (ouverture) est le premier verset du Koran.

ment à Haïdra à travers la forêt que nous avons contournée le matin; mais, une fois engagés dans les massifs de Pins et de Genévriers, nos guides se trompent et s'égarent malgré nos observations réitérées. Pendant plus de trois heures, nous errons à travers les fourrés épais, nous heurtant aux troncs qui nous meurtrissent et aux branches dont les aiguilles nous aveuglent. Déjà le soleil a disparu depuis longtemps lorsque nous sortons de l'inextricable dédale et débouchons sur l'Oued Haïdra à plus de six kilomètres du campement; à la tombée de la nuit, notre petite troupe se débande et chacun rentre au campement aussi vite que sa monture consent à le porter.

30 juin. La course de la veille a un peu fatigué hommes et bêtes, on réclame un jour de repos. Mais, d'autre part, les vivres et l'orge sont presque épuisés et les chameliers qui sont restés à Haïdra s'impatientent. Comme transaction, il est décidé que le départ aura lieu après midi et que l'on ira coucher sur la frontière algérienne. J'en profite pour franchir la rivière et faire une exploration dans la forêt de Pins traversée un peu hâtivement le jour de notre arrivée. J'y récolte plusieurs plantes que je n'avais pas encore rencontrées en Tunisie, et dresse une liste intéressante d'espèces appartenant en Algérie à la région des Hauts-Plateaux et de leurs montagnes :

Nigella Hispanica L. *var.* intermedia.
Matthiola lunata R. Br. (1).
Helianthemum rubellum Presl.
H. glaucum Pers. *var.* croceum.
Reseda Duriæana J. Gay.
R. Luteola L.
Dianthus Siculus Presl.
Erodium Ciconium Willd.
Argyrolobium Linnæanum Walp.
Ononis Columnæ All.
Hippocrepis scabra DC.
Cachrys pterochlæna DC.
Galium verum L.
Inula montana L.
Santolina squarrosa Willd.
Microlonchus Duriæi Spach.
Centaurea Parlatoris Heldr.
C. acaulis L. *var.* Balansæ.
Carduncellus Atlanticus Coss. et DR.
Leuzea conifera DC.
Catananche lutea L.
Helminthia aculeata DC.
Linaria scariosa Desf.
Sideritis montana L.
Stachys arenaria Vahl.
Teucrium compactum Boiss. (2).
T. Pseudo-Chamæpitys L.
Blitum virgatum L.
Wangenheimia Lima Mœnch. (3).

Les préparatifs du départ se font rapidement. Nous remontons le cours de la rivière et nous nous engageons ensuite dans une vaste

(1) Nouveau pour la Tunisie.

(2) Nouveau pour la flore tunisienne. Remplace dans la zone montagneuse des plateaux le *Teucrium Alopecuros* des montagnes sahariennes.

(3) Nouveau pour la Tunisie.

plaine où la route coupe les blés qui commencent à mûrir. Les Ferachich, qui sont des demi-nomades, reviennent pour la moisson; quelques tentes sont déjà installées; à chaque instant défilent des chameaux chargés, des groupes de femmes et d'enfants qui poussent des bandes de moutons aux grosses queues lourdes, des cavaliers aux longs fusils qui font caracoler leurs chevaux en passant près de nous. Plus sauvages et plus hérissés, des moissonneurs au tablier de cuir, la faucille sur l'épaule, les pieds poudreux dans leurs sandales de peaux encore saignantes, s'en vont offrir leurs services aux colons de Tebessa qu'ils ghazziaient autrefois.

Parmi les blés hauts et drus, dans la terre noire et profonde, poussent le *Ridolfia segetum* encore en boutons, le Bou-Nefa ou Driès (*Thapsia Garganica*), une autre Ombellifère trapue à large ombelle jaune, le *Carduus pteracanthus* et d'énormes pieds de *Cynara Cardunculus* que respecte toujours la charrue arabe.

Devant nous coule entre ses berges gazonnées un oued insignifiant: c'est pourtant la limite de l'Algérie. Avant de la franchir, je commande une halte pour faire une dernière herborisation sur le sol tunisien, et sur un petit coin de plateau rocheux, au milieu des plantes de la région déjà vulgaires pour moi, j'ai la chance de cueillir une espèce qui ajoutera un nom au catalogue de sa flore : l'*Ononis antiquorum*.

Nos gens me rappellent, impatients d'arriver au campement. A trois kilomètres au delà de la frontière, nous dressons nos tentes au sommet d'un coteau à pente douce, dont la base est baignée par un ruisselet limpide encombré de Cresson. Le cheikh, jeune et élégant, arrive suivi de son *qaouadji* qui porte une cafetière d'argent et nous souhaite en français la bienvenue. Des serviteurs nous offrent une diffa copieuse où le mouton et le piment n'ont point été épargnés. Lorsque nous nous retirons sous la toile, nos gens, bien repus et couchés autour du feu, entament, dans la nuit sereine et silencieuse, une interminable mélopée qui nous procure un doux sommeil.

1er juillet. Nous marchons rapidement et joyeusement à travers un pays accidenté où les champs de blé se mêlent aux forêts de Pins. Un défilé rapide et glissant, où abonde le *Calamintha graveolens* aux fortes senteurs, nous amène à des rochers d'un grand caractère qui surmontent un coteau obstrué d'énormes blocs éboulés. J'y recueille le *Microlonchus Clusii*, mais la vue de Tebessa, dont on aperçoit les jardins comme une tache sombre entre la plaine et la montagne, allume notre impatience, et, sans même consacrer un coup d'œil à une grande ruine romaine placée au beau milieu du chemin, nous roulons plutôt que nous ne descendons dans la plaine. Une demi-heure nous suffit pour franchir les quelques kilomètres qui nous séparent de la ville.

Une heure plus tard, hommes du train, cavaliers et sakhars nous faisaient leurs adieux; nous étions installés à l'hôtel et, après de longues pérégrinations, le terme de notre mission était atteint.

RÉSUMÉ ET CONCLUSION.

La végétation du pays que nous avons parcouru doit son caractère particulier à deux faits intéressants : le premier, c'est l'absence des grands sables, la région des Aregs ne commençant qu'au midi des montagnes des Ghomrasen et de la chaîne du Nefzaoua, très avant dans le sud et loin de la mer; le second est la présence dans la région de la Syrte de plantes telles que le *Filago Mareotica*, le *Deverra tortuosa*, le *Silene succulenta*, le *Vaillantia lanata*, le *Lagonychium Stephanianum*, le *Centaurea contracta*, l'*Atractylis flava* qui, de même que les *Convolvulus Dorycnium*, *Iberis sempervirens*, *Hypericum crispum*, *Poterium spinosum*, etc., rencontrés plus au nord en Tunisie, où ils trouvent leur limite occidentale, appartiennent à la flore de l'Orient. Ce fait, déjà signalé dès 1854 par notre excellent ami M. le docteur Cosson dans son *Sertulum Tunetanum* et mentionné par M. Doûmet-Adanson dans le compte rendu de sa première mission, reçoit une nouvelle confirmation de nos récentes observations. On est par suite fondé à admettre l'existence ancienne, dans la Méditerranée, de deux bassins différents en même temps que le rattachement de la Sicile au continent africain dans la région du cap Bon.

La situation politique du pays nous ayant empêchés de pénétrer jusqu'aux Aregs et aux pâturages sahariens des grands nomades, nous n'avons point recueilli les plantes arénicoles que l'on est convenu d'appeler plus particulièrement sahariennes, comme l'*Ephedra alata* (Alenda), le *Genista Saharæ* (Merkh), la grande forme du *Calligonum comosum* (Ezzel), le *Limoniastrum Guyonianum* (Zeïta) et le *Zilla macroptera* (Chebrom), qui, d'après les renseignements fournis par les Arabes, doivent s'y rencontrer, sans doute en compagnie du *Tamarix articulata* (Etel), de l'*Erythrostictus punctatus*, de l'*Heliotropium luteum* et des autres plantes de la flore du Souf.

C'est aussi à la nature du terrain que l'on doit attribuer, dans la région que nous avons explorée, la rareté d'autres espèces sahariennes qui apparaissent sporadiquement là seulement où, soit dans le lit des oueds, soit au pied de roches désagrégées, elles rencontrent le sable qui paraît être la condition nécessaire de leur existence, beaucoup plus que les influences de la latitude et de la chaleur. Ces plantes, en effet, parmi lesquelles nous citerons seulement : *Cladanthus Arabicus*, *Ifloga spicata*, *Senecio coronopifolius*, *Nolletia chrysocomoides*, *Tanacetum cinereum*, *Arthratherum pungens* et *plumosum*, *Festuca Memphitica*, se montrent beaucoup plus fréquemment dans les formations arénacées qu'à Zarzis ou à l'extrémité de l'Aradh. Ainsi le Drin (*Arthratherum pungens*), qui, en Algérie, est presque caractéristique de la région saharienne et dont nous n'avons vu, pendant notre exploration, que quelques touffes isolées, croît abondamment presque aux portes de Tunis, dans les dunes d'Hammam-Lif!

Passons maintenant à l'étude particulière des diverses parties du territoire parcouru.

Si nous considérons le Sud tunisien de l'est à l'ouest, l'Aradh se présente d'abord, long couloir entre la mer et la montagne par où a passé le flot de toutes les invasions orientales, plaine presque absolument unie, à peine coupée par quelques faibles ressauts calcaires ou par quelques collines dont la plus haute est le Djebel Tadjera. Sur le sol argilo-calcaire, labouré par des lits arides d'oueds torrentueux, la végétation s'étend, maigre et monotone, des portes de Gabès à l'Oued Feçi et à la Sebkha des Biban (Bahirt-el-Biban). Les *Zizyphus Lotus*, *Retama Rætam*, *Calycotome intermedia*, *Rhus oxyacanthoides*, *Nitraria tridentata* y forment des buissons plus ou moins rares; les *Thymelæa microphylla*, *Rhanterium suaveolens*, *Anarrhinum brevifolium*, trois *Deverra* (*D. chlorantha*, *D. tortuosa*, *D. scoparia*), le *Polygonum equisetiforme*, l'*Andropogon hirtus* et le *Lygeum Spartum* constituent partout (sauf dans les sebkhas ou sur le littoral envahis par les Salsolacées et les *Statice*) le fond habituel de la flore : leur abondance et leurs proportions réciproques varient seules suivant le degré de profondeur ou de sécheresse du terrain. Il faut aussi citer, quoique moins fréquents, le *Carduncellus eriocephalus*, le *Delphinium pubescens*, l'*Atractylis flava* et l'*Apteranthes Gussoneana* qui se dissimule presque toujours dans les touffes du *Lygeum Spartum*.

La longue chaîne parallèle à la mer qui s'épanouit en se déprimant chez les Matmata et qui a son point culminant au Djebel Demeur, chez les Haouaïa (à 750 mètres), se termine en Tunisie par le piton pittoresque de Douiret et le massif transversal des Ouderna. Du côté de l'Aradh, elle s'élève abruptement, comme par des cassures superposées, et se couronne de couches d'un calcaire dur formant plateau, tandis que, vers l'ouest, s'étend une longue pente tectiforme que les Arabes nomment le Dahr (le dos). Les couches du calcaire crétacé ou du grès n'y retiennent pas l'eau : à peine si l'on y remarque quelques suintements qui ne coulent pas jusqu'à la plaine (Aïn Guettar, Aïn Temran) et de rares puits dans les passes qui la traversent. Aussi (abstraction faite du domaine du Halfa) la végétation spontanée y est-elle pauvre, sauf sur le bord du plateau des Haouaïa ou dans de rares crevasses des ravins garnies de quelques broussailles. Partout ailleurs, le *Rosmarinus officinalis*, le *Calycotome intermedia*, le *Periploca angustifolia* et l'*Anthyllis Henoniana* représentent, avec quelques pieds de *Retama Rœtam*, la flore frutescente. En revanche, on y compte quelques plantes spéciales ou intéressantes : sur le plateau ou le long des consoles rocheuses croissent le *Teucrium Alopecuros*, l'*Erodium arborescens* et l'*Onopordon Espinæ*, qui, abondant dans les steppes aux environs de Kairouan et de la Sebkha El-Hani, devient ici, à l'extrémité de son aire, une plante de montagne. Le *Stipa tenacissima*, rare sur le littoral tunisien où le *Lygeum Spartum* usurpe son nom arabe (Halfa), vit aux flancs des collines élevées des Matmata et abonde sur leurs plateaux. Sur les deux sommets de la chaîne (Djebel Demeur et Guelâa des Matmata), nous devons signaler : *Celsia laciniata*, *Galium petræum* et *Bourgæanum*, *Caucalis cœrulescens*, *Centaurea Africana ?*, *Genista capitellata ?*.

Le Djebel Aziza, qui court à l'ouest du Dahr, présente une végétation analogue.

Entre le Djebel Tebaga et le Chott El-Fedjedj, la plaine, bien que l'eau y soit rare, est couverte d'un plus grand nombre d'arbustes et de plantes ligneuses que l'Aradh. Les *Atriplex Halimus* et *mollis*, le *Thymelæa hirsuta* et le *Peganum Harmala* y sont surtout fort communs. Parmi les plantes herbacées dominent l'*Helianthemum Tunetanum*, l'*Hedysarum carnosum*, l'*Astragalus Kralikianus*, le *Linaria laxiflora*, l'*Ammosperma cinereum*, le *Pyrethrum fuscatum*.

Un peu avant Limaguès et Seftimi commence la région si curieuse du Nefzaoua que traverse une double chaîne de collines, prolongation et atténuation du Djebel Tebaga. Des deux côtés de l'arête centrale qui finit par s'effacer complètement vers la pointe ouest du pays, des sources, probablement artésiennes pour la plupart, sourdent au fond de nombreux bassins et alimentent des oasis qui s'étendent jusque dans la région des Aregs. Déjà le sable commence à se montrer assez abondamment près de Kebilli et la végétation à se rapprocher de la flore saharienne de Biskra ainsi que l'indique l'apparition de l'*Eu-*

phorbia Guyoniana, du *Malcolmia Africana*, du *Reseda Alphonsi* et du *Tamarix pauciovulata*. En approchant du grand Chott El-Djerid, les terrains salés et les Salsolacées se multiplient, tandis que les collines rocheuses issues du Tebaga deviennent d'une aridité désolée.

Du côté occidental du chott, dans le Beled-el-Djerid, la tendance que nous venons de signaler s'accentue bien davantage : les *Fagonia virens*, l'*Oligomeris dispersa*, le *Polycarpæa fragilis*, le *Sclerocephalus Arabicus*, l'*Astragalus Gyzensis*, le *Cyperus conglomeratus*, l'*Arthratherum obtusum* et l'*Andropogon laniger* s'ajoutent aux espèces des Ziban déjà mentionnées, tandis que l'apparition inattendue du *Panicum turgidum*, cette curieuse Graminée égyptienne découverte par notre ami M. le Dr V. Reboud dans la vallée de l'Oued El-Arab, rattache le Djerid aux vallées sahariennes de l'Aurès.

La bordure étroite qui s'étend au nord du Chott El-Djerid, au pied du long massif du Djebel Cherb, montre une végétation identique, dans son ensemble, à celle de la rive méridionale; mais les gorges de la montagne et les oueds qui en sortent offrent quelques plantes d'un intérêt particulier : un *Sporobolus* probablement nouveau, le *Lotus hosackioides*, déjà recueilli aux mêmes lieux par M. le Dr André et qui se retrouve au sud du Maroc, les *Megastoma pusillum*, *Echinospermum Vahlianum*, *Salvia Jaminiana* et *Aristida Adscensionis* var. *pumila*.

Dans tout le bassin des Chotts, comme dans l'Aradh, l'*Anarrhinum brevifolium* et le *Rhanterium suaveolens* sont également abondants et paraissent s'étendre dans l'ouest jusqu'aux limites de l'Algérie, si même ils n'y pénètrent pas.

L'influence saharienne se fait encore sentir, quoique plus faiblement, dans les plaines au nord de la chaîne du Cherb et se prolonge même le long de la vallée de l'Oued Feriana, ouverte aux effluves du midi, tandis que sur les collines, à partir de Sidi-Aïch, domine la flore des hauts plateaux. Un îlot de verdure, au milieu du lit de l'Oued Zitouna, présente un singulier mélange de plantes du sud qui y remontent et d'espèces du nord qui y sont descendues, amenées par les eaux.

A Feriana, le changement est complet : le Halfa règne en maître dans la plaine et sur les hauteurs; les Pins d'Alep et les Genévriers s'étendent en lignes claires ou en massifs forestiers profonds, suivant la disposition du terrain et la fréquence des incendies : dans les gorges, le long des rochers, sur le bord des oueds, la végétation ressemble à celle des environs de Tebessa et des parties basses de l'Aurès. On peut y signaler toutefois quelques plantes spéciales, telles que l'*Hypericum Roberti.* Au *Teucrium Alopecuros* du sud, cantonné dans la chaîne des Matmata, des Haouaïa et dans les Djebels Aziza et Tebaga, se substitue le *Teucrium compactum* des pentes inférieures de l'Aurès et des Maâdid; à l'*Helianthemum Tunetanum*, les *Helianthemum Fontanesii* et *lavandulæfolium*. La flore du sud a disparu sans laisser de traces ailleurs que sur quelques points où la désagrégation du grès favorise la croissance de deux ou trois espèces surtout arénicoles.

Cette région du Halfa et des forêts de Pins continue en Tunisie les Hauts-Plateaux de la province de Constantine avec leurs collines et leurs montagnes isolées; c'est bientôt, en s'avançant à l'est, la région des Hamadas où les reliefs sont presque tous couronnés par des tables rocheuses plus ou moins inclinées, au-dessus de vallées dont le niveau s'abaisse graduellement vers Kairouan et l'Enfida.

Le Guelâat Es-Snam, qui s'élève près de la frontière et atteint 1454 mètres, est lui-même une véritable hamada, et l'un des points culminants de la Tunisie. Aussi offre-t-il une végétation particulière qui se retrouve d'ailleurs sur les montagnes de même altitude du cercle de Souk-Ahras et sera peut-être constatée sur quelques-unes de ces montagnes boisées des environs de Sbiba au pied desquelles a passé Desfontaines.

Nous venons d'indiquer à grands traits les caractères principaux de la flore tunisienne dans les régions que nous avons abordées; le président de la Mission de l'exploration scientifique de la Tunisie a déjà fait connaître le résultat de la campagne botanique de 1883 dans le nord du pays. Il résulte de ces constatations qu'il manque à cette flore deux des plus beaux fleurons de celle de l'Algérie : les espèces des montagnes élevées et celles du grand Sahara. La nature lui a refusé les plantes des hauts sommets, il suffira sans doute d'une exploration dans le Sud pacifié pour y trouver au moins une partie des secondes.

www.ingramcontent.com/pod-product-compliance
Ingram Content Group UK Ltd.
Pitfield, Milton Keynes, MK11 3LW, UK
UKHW022124190726
13855UKWH00003B/1024